几何的荣光 1

周春荔 编著

电子工业出版社·

Publishing House of Electronics Industry

北京·BEIJING

内容简介

本套书通过一种全新的方式引领读者认识几何。本套书以几何研学行夏令营为背景，让青少年生动真实地感知几何和现实世界，通过访谈和实际操作活动，体验数学的思维心理过程，通过动手动脑、交流互动，体验解证几何问题的认知策略．

本套书分 3 册，共 14 个专题，涵盖了初等几何的主要内容。书中穿插介绍了中外数学家、几何学历史、数学文化与近代数学的相关知识，有助于青少年提振学习兴趣、开拓视野、丰富学识内涵．本套书凝聚了作者在几何教育上的心得与成果，是能够引领青少年漫游绚丽的几何园地的科普读物，另外本套书还能为中学几何教师和研究员提供相关的教学经验，为数学教育科普工作提供有益的参考资料．

图书在版编目（CIP）数据

几何的荣光 . 1 / 周春荔编著 . —北京：电子工业出版社，2024.1
ISBN 978-7-121-46834-6

Ⅰ . ①几… Ⅱ . ①周… Ⅲ . ①几何—青少年读物 Ⅳ . ① O18-49

中国国家版本馆 CIP 数据核字（2023）第 234830 号

责任编辑：葛卉婷　邓　峰
印　　刷：北京缤索印刷有限公司
装　　订：北京缤索印刷有限公司
出版发行：电子工业出版社
　　　　　北京市海淀区万寿路 173 信箱　　邮编：100036
开　　本：787×1092　1/16　印张：7.5　字数：168 千字
版　　次：2024 年 1 月第 1 版
印　　次：2024 年 1 月第 1 次印刷
定　　价：42.80 元

凡所购买电子工业出版社图书有缺损问题，请向购买书店调换。若书店售缺，请与本社发行部联系，联系及邮购电话：（010）88254888，88258888。

质量投诉请发邮件至zlts@phei.com.cn，盗版侵权举报请发邮件至dbqq@phei.com.cn。

本书咨询联系方式：（010）88254052，dengf@phei.com.cn。

前　言

　　数学的研究对象是现实世界的数量关系和空间形式，因此数和形是数学大厦的两大柱石，几何学自古以来就是数学大花园中的绚丽园地．在古希腊，柏拉图学院的门口挂着"不懂几何的人不得入内"的告示，欧几里得也对国王说过"几何学无王者之道"，这些无疑给几何园地增添了神秘奇趣的色彩．

　　其实，几何学并不是一门枯燥无趣的学问，而是充满了让人们看不够的美丽的景色，生动而奇妙的传闻和故事，大胆的猜想和巧妙的论证，以及精美独特的解题妙招．它与现实世界存在不能割舍的血肉联系，它至今仍朝气蓬勃充满着生命的活力．

　　培养人才的实践证明，在青少年时代打下平面几何的基础，对一个人的数学修养是极为关键的．大科学家牛顿曾说："几何学的光荣，在于它从很少的几条独立自主的原则出发，而得以完成如此之多的工作．"1933年，爱因斯坦在英国牛津大学所作的《关于理论物理的方法》的演讲中，曾这样说道："我们推崇古代希腊是西方科学的摇篮，在那里，世界第一次目睹了一个逻辑体系的奇迹，这个逻辑体系如此精密地一步一步推进，以致它的每一个命题都是绝对不容置疑的——我这里说的就是欧几里得几何．推理的这种可赞叹的胜利，使人类理智获得了为取得以后成就所必需的信心，如果欧几里得未能激起你少年时代的热情，那么你就不是一个天生的科学家．"

　　在沙雷金编著的俄罗斯《几何 7~9 年级》课本的前言中有这样一段极富哲理的话："精神的最高表现是理性，理性的最高显示是几何学．三角形是几何学的细胞，它像宇宙那样取之不尽；圆是几何学的灵魂，通晓圆不仅通晓几何学的灵魂，而且能召回自己的灵魂．"平面几何的模型是直线、三角形和圆，非常之简单！而它对数学思维的训练效果却非常之大．学习平面几何，"投资少，收益大"，何乐而不为呢？实践经验证明：学习几何能锻炼一个人的思维，解答数学题，最重要的是培养一个人的钻研精神．这些都说明了平面几何的教育价值.

在青少年时期, 通过对图形的认识了解几何知识是非常重要的. 图形的变形很有趣味, 大家都尝过"七巧板"以及各种拼图带来的喜悦, 它会激发人们动手、动脑, 并通过操作去理解, 通过探求去体验, 通过结果体尝成功的喜悦. 通过图形认识数学、了解数学、体验数学活动, 能使你真正体会到"数学是思维的体操"和数学之美, 逐步形成和提高数学素养.

如何将图形问题变为生动活泼的、青少年喜闻乐见的几何知识, 体现出"数学是智力的磨刀石, 对于所有信奉教育的人而言, 是一种不可缺少的思维训练"的育人作用, 是一项有意义的数学教育科研实践课题.

本着上述的主旨, 作者在朋友们的鼓励支持下试着动手收集、整理素材, 开始研究本课题, 并将其中部分成果试编成本书, 将一些趣味的几何问题通过数学活动的形式展现出来, 内容融汇了知识、故事、思维与方法, 愿与读者共同分享和体验. 作者愿做读者的向导, 引领大家走进几何王国, 漫游绚丽的几何园地.

感谢电子工业出版社的贾贺、孙清先等同志在确定选题和支持写作方面给予作者的帮助. 没有大家的共同策划、支持、鼓励和帮助, 本书不可能顺利地完成.

由于作者学识水平有限, 殷切期待广大读者和数学同仁给予斧正, 以期去芜存菁. 谢谢!

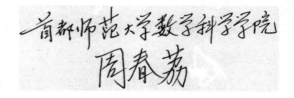

首都师范大学数学科学学院

周春荔

2021 年 6 月

目　录

第1章　透过图形看世界

大自然以数学的语言讲话，这个语言的字母是：圆、三角形以及其他各种数学形体．

——伽利略

　　暑期来到，一批少年数学爱好者参加了"追梦学校"组织的"趣味几何研学行"夏令营．著名的数学教育家霍校长和数学教育博士赵老师策划活动方案，辅导员王老师带队安排日程，营址安排在郊区的一所寄宿中学．

　　我们的故事就从这里开始了．

1. 夜空找北

在郊外旷野晴朗的夜空，只有一轮弯弯的月亮和布满夜空不断眨眼的繁星．你能辨别东南西北吗？我们生活在北半球，可以先找到大熊星座尾部的北斗七星，然后找到北极星，我们面对北极星就是面向正北方，此时你的左手边是西，右手边是东，即"上北、下南、左西、右东"，这样方向就确定了．

如图 1.1.1 所示，这是天空的一张平面图．白色的 7 个点是"北斗七星"，俗称"马勺星"，每两点之间连接一条线段，共 6 条线段，组成一条折线，很像一把倒扣的勺子，前 4 颗星是"勺"，后 3 颗星是"勺把儿"．"北

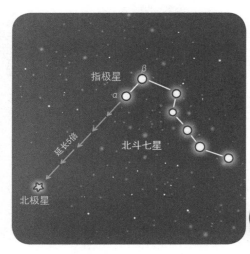

指极星

北斗七星

延长5倍

北极星

图 1.1.1

斗七星"在北半球的夜空是很容易被找到的."勺"最前的两颗星我们标以 α 和 β，将线段 $\beta\alpha$ 延长到 5 倍 $\beta\alpha$ 的距离，达到的那颗星就是北极星. 其实，北斗七星的方位一年四季在不断地变化，在围绕北极星转动. 正如民谚所说"勺把指东，天下皆春；勺把指南，天下皆夏；勺把指西，天下皆秋；勺把指北，天下皆冬".

我们在寻找北极星的过程中，遇到了由点构成的图形. 两点之间连接的部分是线段，由 7 个点间的 6 条线段组成的图形叫折线，折线中每一条线段叫作"线节".两点之间线段的长叫作这两点之间的距离，最后还用到了 5 倍线段的概念. 你们看，我们学到的几何基本概念对认识客观世界是多么有用啊！

赵老师向我们热情地介绍着，有些同学还在指点寻找着自己的星座.

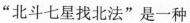

"北斗七星找北法"是一种民间常识.我国古代闻名世界的四大发明中的指南针，也是用来"找北"的工具，在外出旅行、地质勘探、航海航空中有着广泛的应用.在科学技术高度发展的今天，在常用的手机中，都有"指南针"功能.学会使用手机上的"指南针"来定方向是非常方便的！

2. 确定方位

图 1.2.1

找东西南北，其实你是将站着的地面设想成平面，过你所站的点在平面上画一条由西向东指向的直线，再画一条由南向北指向的直线，你站的点是所画两条直线的交点，记为点 O，这时画出图 1.2.1，这就是一个平面直角坐标系 x-O-y，其中 O 叫作坐标原点，Ox 称为横坐标轴，Oy 称为纵坐标轴．作 $\angle xOy$ 以及 $\angle xOy$ 邻补角的角平分线，分别确定了东北、西北、东南、西南四条射线的方向．其实，比如，东北方向也叫作北偏东 45°，西南方向也叫作南偏西 45°，再如射线 OA 的方向是北偏西 30°．这样我们认识了平面直角坐标系，知道了相交于点 O 的直线和射线的概念，学会了称呼方向角的方法．

会确定方向与方位，对于我们学习几何学的实际应用是非常重要的！

题 1 从海面哨所 A 观测到北偏东 $40°$ 距 A 哨所 25 海里处有一渔船 B 在进行捕鱼作业. 在北偏西 $20°$ 距 A 哨所 25 海里处有我方舰艇 S 正在巡航，如图 1.2.2 所示. 你知道舰艇 S 距离渔船 B 有多少海里吗？

解：$\angle SAB=60°$，$SA=25=BA$，所以 $\triangle SAB$ 是正三角形，因此 $SB=25$（海里）.

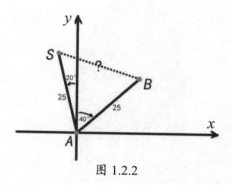

图 1.2.2

题 2 从海面哨所 A 观测到北偏东 $40°$ 距 A 哨所 50 海里处有一不明国籍的舰船 M 闯入我国领海. 在北偏西 $20°$ 距 A 哨所 25 海里处有我方舰艇 S 正在监视 M 的行踪（如图 1.2.3 所示）. 你能算出舰艇 S 距离舰船 M 有多少海里吗？

提示：取 AM 的中点 K，连接 SM，SK. 由 $\angle SAM=60°$，$SA=\dfrac{1}{2}MA$，可以知道 $\angle MSA=90°$，$\triangle SAM$ 是直角三角形，由勾股定理计算得 $SM=\sqrt{50^2-25^2}=25\sqrt{3}\approx 43.3$（海里）.

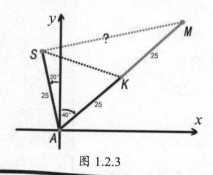

图 1.2.3

3. 穿林计程

营员们在郊外游玩时走到一处森林公园．

森林公园是面积为 4 平方千米的正方形，它的一条边是东西方向的．公园里面种满了白杨树和榆树，如图 1.3.1 所示．在公园的东北角出口处．我们遇到了一位从森林公园走出的老伯，他的背篓里装满了采摘的蘑菇．同学们有礼貌地和老伯打招呼，并且送上了矿泉水，请老伯讲述

在密林中采蘑菇的故事．老伯说："我从公园的西南角进入向东走，见到一株白杨树就往北走，见到一株榆树就往东走，一边采摘蘑菇一边走，最后到了森林公园的东北角上，离开了公园．"这时老伯很有兴致地问大家："你们知道我一共走了

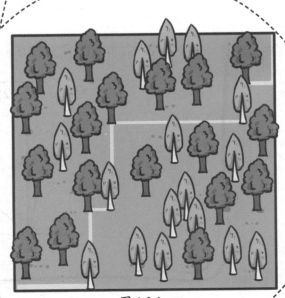

图 1.3.1

多少米的路程吗？"

这确实是一道有趣的问题，同学们一下沉默了，在地上比比画画，过了一会儿，好几个同学几乎同时高声答道："4000 米."

老伯高兴地竖起大拇指称赞大家："年少聪明，后生可畏！"

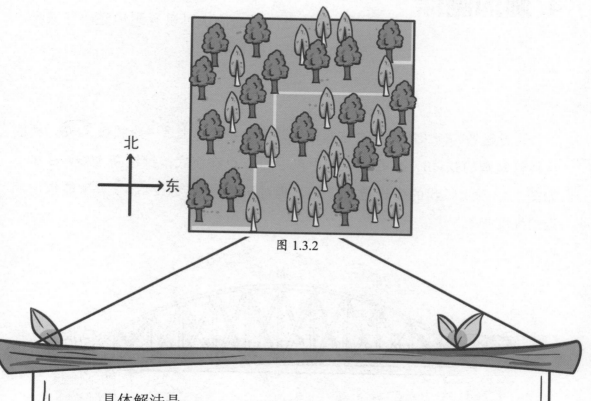

图 1.3.2

具体解法是：

正方形森林公园的面积为 4 平方千米，正方形的边长是 2 千米.

如图 1.3.2 所示，老伯往正北走的路程可能分许多段，但不管是多少段，各段距离的和正好是正方形南北方向的一条边长，为 2 千米，同样，往正东走若干段距离的和也正好是正方形东西方向的一条边长，为 2 千米.总计是 2 + 2 = 4（千米）.

所以，老伯走的总路程是 4 千米，即 4000 米.

4. 涧沟测深

队伍向前从一座桥上跨过一道涧沟，透过清澈的涧水可以看到沟底，好深呀，看着有些眼晕！

这时赵老师向大家说："这座桥的截面拱栏看起来是一段圆弧 $\overarc{AMB}$，桥面截线恰是圆的弦 AB，M 是拱栏的中点，圆心 O 在涧底，拱栏高 $MK=h=3$ 米，如图 1.4.1 所示. 我的步长是 0.75 米，走过桥 AB 共走了 24 步. 大家能求出涧沟的深度吗？"

图 1.4.1

营员们马上七嘴八舌地议论开了. 小强很快给出了答案："涧沟的深度是 12 米 ." 赵老师让小强向大家说明求解的方法.

如图 1.4.2 所示，首先求得桥长 $AB = 0.75 \times 24 = 18$（米），因此 $AK = 9$ 米.

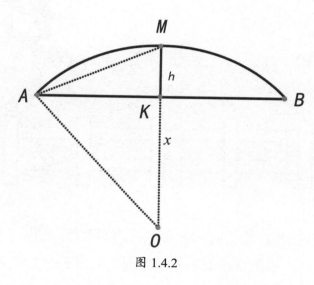

图 1.4.2

设涧深 $OK = x$，则半径 $AO = MO = x + 3$.

注意到 $\triangle AKO$ 是直角三角形，应用勾股定理有 $AO^2 = AK^2 + OK^2$，即

$$(x+3)^2 = 9^2 + x^2$$
$$6x = 72$$
$$x = 12.$$

因此，涧沟的深度为 12 米.

5. 篱笆总长

营员们走过涧沟桥又向前走了一段路，来到一个种植各种蔬菜且四季常青的科学试验大棚参观.

这是个边界筑有围墙，边长为 1000 米的正方形大棚，如图 1.5.1 所示. 大棚内部修筑有篱笆墙隔断，恰能将这个正方形大棚分割为多个 5 米 ×20 米和 6 米 × 12 米的长方形地块，没有剩余，每个地块内培育有不同品种并经过太空育种的蔬菜. 问这些篱笆墙的总长度是多少米？

这个问题初看起来无从入手，我们仔细分析数据发现，5 米 ×20 米的长方形的面积数值是 100，周长数值是 (5+20)×2=50；6 米 ×12 米的长方形面积数值是 72，周长数值是 (6+12)× 2=36. 即分割成的两种长方形地块的周长值都是其面积值的一半，所发现的这个数量关系是我们解决问题的突破口.

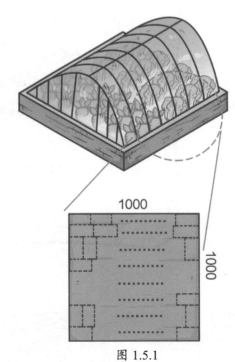

图 1.5.1

解题

设分割这个正方形为 5 米 ×20 米和 6 米 ×12 米的长方形地块已经实现，则所有地块的面积数值等于 1000000 平方米，所以这些地块周长的和的数值等于 500000 米．但大正方形已经筑有 1000×4=4000（米）的围墙不必重复修筑篱笆墙，所以应该从 500000 米中去除长为 4000 米的外围墙，之外的任何篱笆墙都是两种地块的边界，所以这些数计算了两次．这意味着共修筑了 $\frac{500000-4000}{2}=248000$（米）的篱笆墙．你算对了吗？

只要细心分析，多动脑筋，看似很难的问题，小学生也是可以解决的！

听了问题的解法，小慧提出了一个问题：用 5 米 ×20 米和 6 米 ×12 米的长方形地块各若干块能够恰好铺满边长为 1 千米的正方形大棚且中间没有缝隙吗？

赵老师称赞小慧问题提得好，并把这个问题留给同学们作为思考题．

6. 曲径通幽

走出科学试验大棚，营员们来到了西郊公园．公园中有一座巍峨的宝塔，微风吹拂，宝塔的铃声清脆悦耳．小桥流水，蛙声阵阵，走在花丛中的小路上，心旷神怡．

图 1.6.1

如图 1.6.1 所示是园林小路，曲径通幽，小路由白色正方形石板和青、红两色的三角形石板铺成．赵老师问大家："内圈三角形石板的总面积大，还是外圈三角形石板的总面积大？请你说明理由．"

不少同学顺口回答："当然是外圈三角形的总面积大了！"

赵老师问："为什么？总要讲出道理！"大家答："我们直观看着外圈三角形要大一些！"

这时，赵老师严肃地对大家说："凡事总要讲个道理，不能靠想当然、差不多办事情．几何学教大家学会推理证明，往往'眼见为实'不一定'眼见为真'．学几何就是要学会推理论证、求真的方法．其实，内圈三角形石板的总面积与外圈三角形石板的总面积一样大．你们信吗？我来给大家剖析原因．"

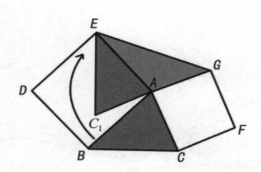

图 1.6.2

你们看，两个相邻的正方形夹着一个外圈三角形石板和一个内圈三角形石板．如图 1.6.2 所示，$\angle EAG$ 与 $\angle BAC$ 互补．

如图 1.6.2 所示，将 $\triangle BAC$ 绕 A 点顺时针旋转 $90°$ 到 $\triangle EAC_1$ 的位置．因为 $\angle C_1AE + \angle EAG = 180°$，所以 C_1，A，G 在一条直线上．因为 $AC_1 = AC$，从而 $AC_1 = AG$，于是 $\triangle EAG$ 与 $\triangle EAC_1$ 的面积相等（三角形的中线平分三角形的面积），也就是 $\triangle EAG$ 与 $\triangle ABC$ 的面积相等．

由于两个相接触的正方形石板所夹的外圈三角形面积等于内圈三角形面积，所以内圈三角形石板的总面积等于外圈三角形石板的总面积．

本题的实质：两边对应相等且它们的夹角互补的两个三角形面积相等．

7. 划船计时

营员们来到一个公园，公园内有个人工湖.

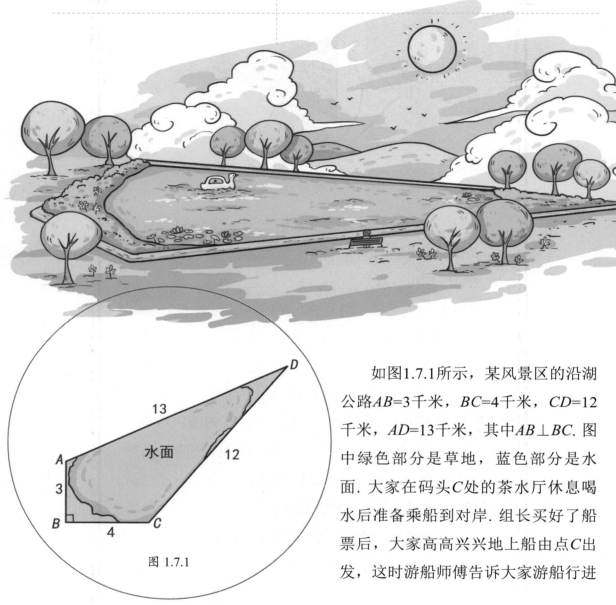

图 1.7.1

如图1.7.1所示，某风景区的沿湖公路$AB=3$千米，$BC=4$千米，$CD=12$千米，$AD=13$千米，其中$AB \perp BC$. 图中绿色部分是草地，蓝色部分是水面. 大家在码头C处的茶水厅休息喝水后准备乘船到对岸. 组长买好了船票后，大家高高兴兴地上船由点C出发，这时游船师傅告诉大家游船行进的平均速度为每小时$11\frac{7}{13}$千米. 赵老师说："请大家算一算，到达对岸AD最短要用多少小时？我们在半小时内能到达对岸吗？"

小聪很快算出了答案，最短要用 0.4 小时，也就是 24 分钟，所以在半小时内能到达对岸.

解题

小聪的解法：如图1.7.2所示，连接AC，由勾股定理容易求得$AC=5$千米.又因为$5^2+12^2=13^2$，所以$\triangle ACD$是直角三角形，$\angle ACD = 90°$. 要乘游船由点C出发，行进速度为每小时$11\frac{7}{13}$千米，到达对岸AD所用时间最短，游船行进路线必须最短，即为点C到AD的距离，也就是$Rt\triangle ACD$中斜边AD上的高线CH，这个高线

$$CH = \frac{AC \times CD}{AD} = \frac{5 \times 12}{13} = \frac{60}{13} \text{（千米）}.$$

所以游船行进所用最短时间为

$$\frac{60}{13} \div 11\frac{7}{13} = \frac{60}{13} \times \frac{13}{150} = \frac{2}{5} = 0.4 \text{（小时）}.$$

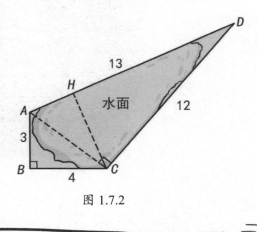

图 1.7.2

老师表扬了小聪，要求 C 到 AD 的最短用时，就要求直线外一点 C 到直线 AD 的最短距离，也就是点 C 到 AD 的垂线长，这是几何知识的灵活运用，具体的计算应用了勾股定理. 解本题的过程体现了行程问题与几何最短线问题的联系，以及与勾股定理及其逆定理的巧妙结合！

8. 印度莲花问题

游船在湖面飞驰，两边泛起了涟漪，微风拂面，爽快异常，同学们不自觉地唱起了"让我们荡起双桨，……"嘹亮的歌声在湖面飞扬.

游船此时从一片荷塘中穿过，一张张斗笠大小的翠绿色的荷叶上面滚动着晶莹的水珠，亭亭玉立的荷花、飞舞的蜻蜓、悠扬的蛙声，构成了一幅美丽动人的画卷. 这时只听赵老师高声吟诵，大家倾刻静了下来：

"在波平如镜的湖面，高出半尺的地方长着一朵红莲，它孤零零地直立在那里，突然被狂风吹倒在一边，有一位渔人亲眼看见，它现在离开生长的地点有两尺远. 请你们来解决一个问题，这里的湖水有多少深浅？"

赵老师接着说："这是一道流传很广的'印度莲花问题'，你们会解吗？"

随后大家便开始小声讨论，还不时计算一下，不一会小卉给出了解答："这里的湖水深 3.75 尺．理由如下．"

图 1.8.1 中 DA 表示直立的红莲，经狂风一吹，红莲 DA 移到 DB 处，莲花 A 恰在水面 B 处，因此 DA=DB．又知 BC=2 尺，问题是求水深 CD 的长度．

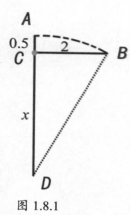

图 1.8.1

设 CD=x，已知 AC=0.5 尺，则 AD = x + 0.5 = BD，红莲由 DA 移到 DB，A 到 B 扫过的是圆弧，∠BCD=90°．

在 Rt△BCD 中，由勾股定理有

$$(x+0.5)^2 = x^2 + 2^2$$

$$x=3.75$$

所以这里的湖水深 3.75 尺．

9. 花坛周界问题

游船停靠在岸边后，营员们走出码头，来到了玲珑广场，看到老人们有的在树荫下的条凳上乘凉；有的围在石桌旁看"将帅"拼杀，还不时地"指点江山"；有的在凉亭下面拉京胡，唱着"穿林海，跨雪原，……". 孩子们在兴高采烈地荡秋千、滑滑梯、压跷跷板.

这时，赵老师把大家带到一个奇特的花坛旁边，并说道：

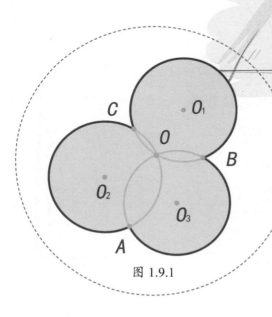

图 1.9.1

"这个花坛是由 3 个等圆重叠拼成的. 如图 1.9.1 所示，每个周长为 6 的 3 个圆 O_1，O_2，O_3 有共同的交点 O. 另外的交点分别是 A，B 和 C. 3 圆覆盖的部分被开发为了花坛. 你们能算出这个花坛的周界长度是多少吗？"

小强很快算出了答案："这个花坛的周界是 12."

如图 1.9.2 所示，连接辅助线，可见圆 O_1 上的 $\overset{\frown}{BOC}$ 的度数等于 $\angle O_2O_1O_3$ 的 2 倍；圆 O_2 上的 $\overset{\frown}{AOC}$ 的度数等于 $\angle O_1O_2O_3$ 的 2 倍；圆 O_3 上的 $\overset{\frown}{AOB}$ 的度数等于 $\angle O_2O_3O_1$ 的 2 倍．因此 3 个等圆的不是花坛边界的弧段的度数的和等于 $\triangle O_1O_2O_3$ 内角和的 2 倍，即 $360°$．换句话说，3 个等圆的不是花坛边界的弧段相当于一个圆周．因此这个花坛的周界长度是两个圆周长，等于 12.

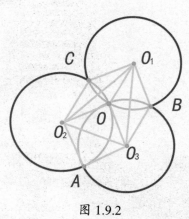

图 1.9.2

你们看，大家学的圆周角、圆心角的概念和数量关系都用上了．其实大家学的几何知识，有时表面看起来没什么用处，但当我们深入思考解决问题时，它们从隐藏处显现出来，能起到关键的作用！

10. 玲珑塔有多高

正午时分，一群雨燕在天空飞翔，有几只落在了玲珑塔顶的盖檐上．这座塔据说建于明代，至今已有400多年的历史了，它是一座八角13层密檐实心砖塔（如图 1.10.1 所示）．大家望着塔顶来往翻飞的雨燕，"这座塔好高呀！"有个同学惊叹道．另一个同学接着说："这得有三四十米吧！"

图 1.10.1

赵老师对大家说："这座塔到底有多高？大家想一想，不用测量工具，你们能算出这座塔的近似高度吗？"

小红快言快语："用影子测高法．这是我从课外书上看来的，传说古埃及人测金字塔塔高就是用的这个方法．"

如图1.10.2所示，AC是塔高，BC是塔在阳光下的影子，A_1C_1是一个同学的身高，B_1C_1是他在阳光下的影长. 因为太阳光线是平行线，$AB/\!/A_1B_1$，有$\triangle ABC \backsim \triangle A_1B_1C_1$，所以$\dfrac{AC}{BC}=\dfrac{A_1C_1}{B_1C_1}$，因此有$AC=\dfrac{BC \times A_1C_1}{B_1C_1}$.

其中A_1C_1选一个已知身高的同学，现在只需知道他的影长B_1C_1，再测得塔的影长BC就可以了.

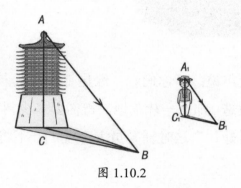

图 1.10.2

怎么测影长呢？老师说过，一般人的步长等于从他眼睛到地面高度的一半，身高约1.6米的同学，步长约为0.75米. 可以近似量出塔的影长$BC=38$步，站着测影的同学小军身高约为$A_1C_1=1.6$米，他的影长$B_1C_1=1$步$=0.75$米.

因此代入公式求出，

$$AC=\frac{(0.75 \times 38) \times 1.6}{0.75}=60.8 \text{（米）}.$$

玲珑塔大约高61米.

这时，小红高声说："老师！我从手机搜索到了！玲珑塔高60米，和我们估算的基本一致."

大家看到，当不具备直接条件时，如何开动脑筋想办法克服困难，最后达到目的，这正是我们应用几何知识认识世界和改造世界的过程.

这时，你们会感受到成功的喜悦！真的是知识给我们智慧，"知识就是力量！"

11. 需要多少树苗

大家走出公园,营地来的班车已经等在外面了.同学们上了车,有的吃面包,有的喝水.简单用餐完毕后同学们开始欣赏公路两旁的风景.

忽然有个同学大声说:"你们看,绿化工人在从卡车上卸树苗,那片沿河荒地要进行植树改造.那么一片荒地,得需要多少树苗呀?"

"这个问题提得好!"这时辅导员大声说,一下将大家的注意力都吸引过来了.

"你们看,这是一片荒地,需要改造种上果树.假设株距是 d(图 1.11.1 中的黑点代表树的位置),这片荒地的面积是 A,那么果树的株数 N 可近似表示为 $N \approx \dfrac{2A}{\sqrt{3}d^2}$."

"这是林学中的一个公式,可以近似估计大片土地上的树木株数."

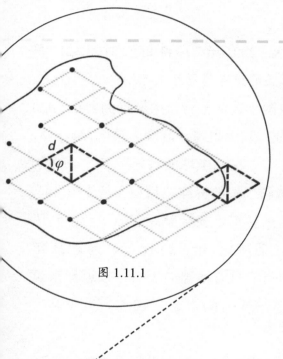

图 1.11.1

株距是 d 的四株果树,为如图 1.11.1 所示的一个内角为 60° 且边长为 d 的菱形的四个顶点.每株树对应这样的一个菱形面积,则 N 株树对应 N 个这样的菱形面积,即 $N\left(\dfrac{\sqrt{3}}{2}d^2\right)$,这个面积近似等于需植树的总面积 A,因此,得 $N\left(\dfrac{\sqrt{3}}{2}d^2\right) \approx A$,即

$$N \approx \frac{2A}{\sqrt{3}d^2}.$$

比如这片荒地的面积 $A=1000$ 平方米,树的株距 $d=1.5$ 米.我们需要准备的树苗株数大约为 $N \approx \dfrac{2\times1000}{1.73\times(1.5)^2} = \dfrac{2000}{3.8925} \approx 514$(株).

需准备约 514 株树苗.我们打出损耗,准备 530 株树苗就足够了.

12. "祝融号"火星车移动的距离

营员们吃过晚饭，7:00 准时收看新闻联播. 2021 年 7 月 11 日 20 时，中国"祝融号"火星车已累计行驶了 410.025 米，这条消息真是振奋人心.

让我们简要回忆一下事件的全过程. 我国"天问一号"火星探测器于 2020 年 7 月 23 日成功发射，飞行 3.2 亿千米后成功被火星捕获，绕火星运行数日后在 2021 年 5 月 15 日上午 7 时 18 分成功着陆火星北半球的乌托邦平原，降落位置非常精确，用总设计师张荣桥的话是"教科书般的标准""精度不低于 10 环". 2021 年 5 月 22 日 10 时 40 分，"祝融号"火星车已安全驶离着陆平台，到达火星表面，开始巡视探测，开启探测任务之后，3 天走了约 10 米，到 2021 年 7 月 11 日 20 时，走了约 410 米. 火星上的引力只有地球的 38%，按道理来说火星车应该更轻便，为何"祝融号"火星车 3 天时间才走了 10 米，究竟是什么原因造成的呢？

仔细查看目前"祝融号"火星车传回的火星照片，我们发现火星的自然环境非常恶劣，道路崎岖不平，还有很多不明原因形成的大小沟渠，而地火通信指令传输往返一次要 40 分钟. 因此，工作人员每发出一个指令都需要万般小心，这也导致了火星车移动速度异常缓慢.

大家看一道题目：若"祝融号"火星车开始时从 A 点按一个方向行走，由于遇到岩石挡路，"祝融号"右转 90° 后行走了 50 米绕开岩石，此时"祝融号"向左转 90° 后按初始方向继续行走到 B 点．已知，"祝融号"一共行走了 410 米，求 AB 两点间的距离．

解：如图 1.12.1 所示，已知，$AD+DE+EB=410$（米），

又易知 $CB=DE=50$（米），$DC=EB$．

所以 $AC=AD+DC=AD+EB=410-50=360$（米）．

由勾股定理得，$AB=\sqrt{AC^2+BC^2}=\sqrt{360^2+50^2}$ $=\sqrt{132100}\approx363.46$（米）．

答：AB 两点间的距离约为 363.46 米．

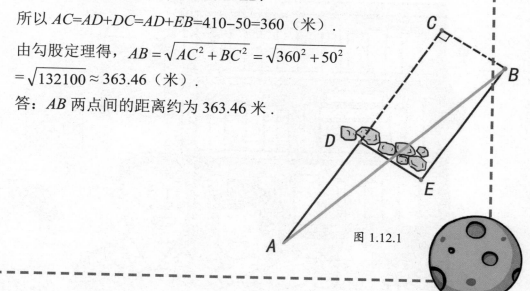

图 1.12.1

虽然在火星探测器的研发时间上，我们比欧美国家晚了不少，但我们的"天问一号"探测器的成功发射，使我国成为国际上唯一一个能够一次性完成火星环绕、着陆、巡视、探测任务的国家，同时中国也是继美国之后，第二个能够独立掌控火星着陆、巡视、探测技术的国家．

青少年不要怕困难，要学好物理、化学，尤其是数学．要独立自主、自力更生，**发扬"两弹一星"的精神**，为实现中华民族的伟大复兴而努力奋斗！

二、眼见之实未必真

我们欣赏数学，我们需要数学.

——陈省身

　　婷婷的爷爷是年逾80岁的数学系教授，霍校长专门为营员们联系安排了一次访谈，想请老教授谈谈几何，讲点数学趣事.营员们非常高兴.

　　这天大家早早地来到婷婷家拜访老教授，老教授很高兴，风趣地说："咱们一起数学'聊斋'吧！"

1. 听爷爷侃大山

老教授热情地招呼大家坐下，然后慢慢地喝了口茶，逐渐打开了话匣子.

大家出生不久睁开眼睛，可以看到妈妈、爸爸、奶瓶……，这些都是形体.

后来大家长大一点儿了，可以看到的东西多了起来，形形色色的东西总得分清楚吧！大家逐渐学会了用语言对应物品形体，这是妈妈，这是爸爸，那是奶瓶，那是玩具熊；慢慢地还知道了这是桌子，这是房子，那是灯，这是太阳，那是大地. 由于麦苗与韭菜形体差不多，不少城市里的孩子竟把麦苗当韭菜，闹出过笑话！

人类认识图形发现，最简单的图形是"点"，老爷爷顺手在纸上用笔点出一个"点"."让'点'运动起来可以画出'线'."老爷爷用笔在纸上移动，随意画出了一条弯曲的"线".如果"点"运动的方向恒定便可画出直线，老爷爷的笔沿着三角板的一边，画出的是一条直线."线"运动起来形成"面"，直线运动的方向若恒定，形成平面. 我们人类生活在有长、宽、高三个维度的空间，也叫作三维空间. 如果只在平

面中运动，是在二维空间的运动，比如只在平面爬行的蚂蚁．如果蚂蚁只在一根铅丝上爬行，就是生活在一维的世界里．在几何中，人们认为"点"只占位置，没有大小；线只有长度，没有宽度；平面没有厚度．

人们研究几何，用铅笔在纸上点出的点，在纸上画的直线，看作平面的纸，这其实只是点、直线、平面概念的近似描画．笔直的马路牙子，就是直线段的现实原型，笔直的一段铁路轨道，可以看作是平行线的现实原型．数学的概念是由原型抽象而来的．

大家学过平面上两个圆的位置关系，相离→外切→相交→内切→内含→同心，这是一个动态的变化过程．大家想一想，在现实世界你见过类似这种的位置变化吗？

同学们互相观望，有的同学不住地摇头，表示没有见过……

"其实大家都曾见过．"老教授提醒大家，"老师带你们看过日食的现象吧！"大家异口同声地回答："看过！"

老教授告诉大家："在观察日食，特别是日环食的现象时，如果拍下照片，两圆的位置变化是非常清晰的！"

大家请看，老教授顺手拿出一张记录日环食的图片，如图 2.1.1 所示，与大家一起分享．营员们一边看一边欢快地议论着，自然界真是奇妙而精彩呀！

日环食过程

相离　　外切　　相交　内切　内含　同心　内含　内切　相交　外切　　相离

图 2.1.1

接着，老教授又拿出一张新修建的北京大兴国际机场航站楼的鸟瞰图片，如图 2.1.2 所示，这是当前世界第一流的国际机场．2016 年，北京新机场主体工程开工建设，2019 年 9 月 25 日上午，北京大兴国际机场投运仪式举行．中共中央总书记、国家主席、中央军委主席习近平出席仪式，宣布北京大兴国际机场正式投运．

图 2.1.2

北京大兴国际机场航站楼形如展翅的凤凰，它不是"一"字造型，也不是扇形或半圆造型，而是五指廊的造型，换句话说是 5 条腿的放射形，这个造型完全以旅客为中心，航站楼的面积为 78 万平方米，整个航站楼有 79 个登机口，远比同样面积的一字型或半圆造型登机口要多，而且旅客从航站楼中心步行到达任何一个登机口，所需的时间不超过 8 分钟．从总体看楼顶覆盖面积所用材料比同样面积的其他造型要少．仅从设计角度看北京大兴国际机场航站楼就包含了不少几何学的基本知识和数学问题．

大家只听说过北京大兴国际机场，还不知道它在北京的具体位置吧！

北京大兴国际机场距天安门 46 千米，距北京首都国际机场 67 千米，距北京南站 37 千米.

给你一张北京市简图，你能标出北京大兴国际机场的位置吗？这就要用到学过的几何作图知识了.

在地图上依比例尺确定表示 1 千米的单位线段. 以北京首都国际机场为圆心，以表示 67 千米的线段为半径画一个圆；再以天安门为圆心，以表示 46 千米的线段为半径画圆，这两圆有两个交点，其中在天安门南面的交点就是北京大兴国际机场的位置，如图 2.1.3 所示. 或者再以北京南站为圆心，以表示 37 千米的线段为半径画圆，这个圆通过的前两圆的交点，就是北京大兴国际机场的位置.

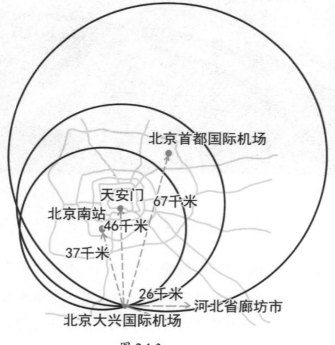

图 2.1.3

这不就是以前学过的轨迹交截法的具体运用吗！

2.6 根火柴为边的 4 个正三角形

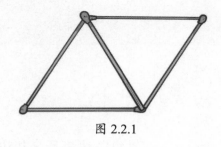

图 2.2.1

人们用 5 根火柴为边可搭两个正三角形,如图 2.2.1 所示.

"如果用 6 根火柴搭出 4 个等边三角形,使三角形每边由一根火柴构成.你们能办到吗?"老教授微笑着环顾一周.

这真是个有趣的题目,大家纷纷在纸上比比画画起来,但没有一个人画出结果!

老教授提醒大家:"这时要动动脑子了.在解决这个问题时,大多数人都是在平面上做种种尝试,总觉得要拼 4 个等边三角形,火柴根数是不够用的!大家仔细分析一下,这是什么原因呀?"

老教授扫了大家一眼继续说:"每个三角形有 3 条边,4 个三角形要有 12 条边.但火柴只有 6 根,这就意味着每根火柴都要作为两个三角形的公共边,这在平面上是办不到的!"这样一来就促使我们要突破平面的局限,从空间中去寻找解决办法.

"每条边都是公共边"的实现，只能在空间图形之中，把 6 根火柴作为 6 条棱搭成一个正四面体，这就跳出了平面思维的局限，从而找到了问题的答案，如图 2.2.2 所示，你们看妙不妙呀！

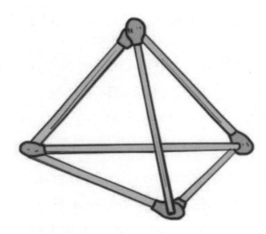

图 2.2.2

3. 巧量正方体对角线

老教授给出实物：三个大小相同的正方体木块，如图 2.3.1 所示．请你用一把米尺设法量出正方体对角线的长（以毫米为单位）．你能在 1 分钟之内量出来吗？大家快动手试一试吧！

图 2.3.1

这是一道智力型的操作问题．

老教授说完，几个人一组纷纷动手先量正方体的棱长，再用勾股定理计算．因为要开平方，大家算得很慢，还不精确，时间都超过了 1 分钟！

这时老教授拿过这三个大小相同的正方体木块，摆放成如图 2.3.2 所示的样子，然后拿起米尺量了 AB 的距离．半分钟不到结果就出来了！

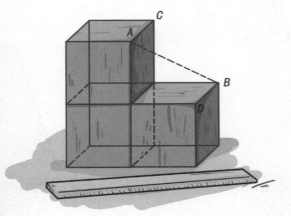

这个"秒得出"的结果使大家不住地拍手称奇："太妙了！太妙了！我们怎么就没想到呢？！"

图 2.3.2

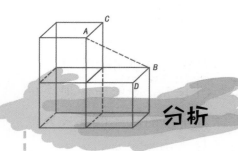

分析

老教授平心静气地说："大家都想快点量出结果，抢个彩头，却忽略了要冷静地分析条件．其实，方法极为简单！木块是实心的，直接量对角线长当然有困难，可设法将实心变为空心不就可以量了嘛！'三个大小相同的正方体木块'就是给出的'将实心变为空心'的条件！将三个木块叠成如图 2.3.2 所示的形状，右上角恰好空出一个正方体木块的位置，量线段 *AB* 或 *CD* 的长，不就是正方体对角线的长嘛！"

灵活聪敏的孩子都知道，动手的同时必须要动脑思考，要对问题进行分析．想到直接量实心正方体木块的对角线有困难，进而想到能否"设法将实心变为空心"，这就找到了问题的突破口．上面的思维使用的不是数学上的具体技巧，而是由"实心"想到转化为"空心"的认识事物、分析事物的辩证方法，是一种辩证的思维．

要想灵活地思考，一定要学会辩证地分析事物的思维方法！你们说对吗？

如果在方桌上只放有一个正方体木块．你能用一把米尺和一支铅笔为工具，设法量出正方体对角线的长（以毫米为单位）吗？留给大家思考吧！

4. 妙作 40° 角的平分线

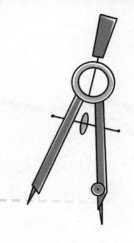

老教授从抽屉中拿出一张A4纸、一个40°角的模板和一支铅笔，然后在A4纸上画出一个40°的∠AOB，如图2.4.1所示，然后对大家说："用一个40°角的模板和铅笔为工具，请你们画出这个40°角的平分线OP来！"

这又是一道思维挑战题，没有量角器，没有圆规，却要平分40°的∠AOB，怎么办？大家认真地思索着.

"爷爷！我知道了！"小聪突然惊喜地叫了起来！

"好！你给大家讲讲看！"老教授鼓励小聪大胆地说出自己的想法.

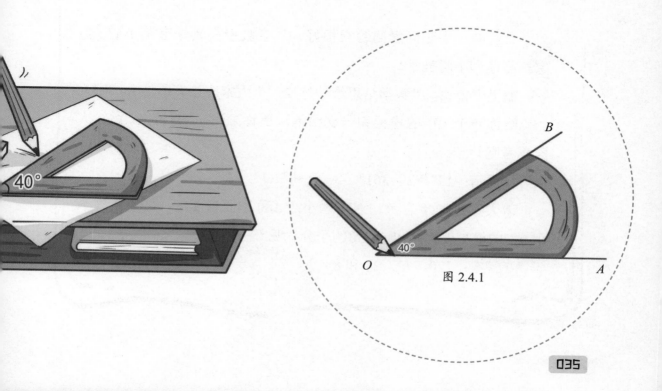

图 2.4.1

小聪边画边说："要作∠AOB的平分线OP，只要设法画出∠AOP=20°就可以了.如何画20°的角呢？由于没有圆规不能直接作角平分线，只能另想办法."

"我用40°角的模板画出∠AOB的边AO的反向延长线OC，这时∠AOC是平角，等于180°，我注意到20°=180°−160°=180°−4×40°，作法就自然产生了."

"如图2.4.2所示，用40°角的模板连续画4次作∠COD=∠DOE=∠EOF=∠FOP，得∠COP=160°，因此得∠AOP=20°，OP就是所作的∠AOB的平分线."

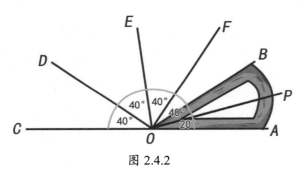

图 2.4.2

"对的！小聪同学回答得很好！"老教授高兴地夸奖小聪.大家热烈地为小聪鼓掌！

加里宁曾说："数学是思维的体操！"大家应该有所体会了吧！

给你一个19°的模板和一支铅笔，请你画出1°的角来.留给大家思考吧！

（提示：19°×19=361°=360°+1°.）

请大家进一步思考：对哪些小于180的正整数 n，可以实现只用 $n°$ 的模板就可画出 $n°$ 角的平分线呢？

（答案：120，72，24 和 8）

5. 眼见之实一定真吗

人们认识世界，起于观察，应该说观察是认识世界的窗口．人们自古以来的经验之谈叫作"眼见为实"，以为亲眼看到的一定是真的．可是随着科学的发展，认识的深入，人们开始区分感性认识与理性认识、现象与本质．我们每天看到太阳从东方升起，西方落下，不约而同地认为太阳绕着地球在转动，因为这是大家以为的"眼见为实"．可是这只是现象，其真正的本质是哥白尼在《天体运行论》中揭示出来的，原来地球在绕太阳运动，而且是沿着以太阳为一个焦点的椭圆轨道在运动，这替代了"地球是宇宙中心"的理论！

原来，观察所得的感性认识，只是认识真理的先导．"眼见为实"未必是"眼见为真"！学数学的人绝不能盲目地相信感觉，而要靠理性的思维．下面是常见的实例．

画两条等长的线段，如图 2.5.1（a）所示，放上不同方向的箭头，上面的线段看上去明显短于下面的线段．如图 2.5.1（b）所示，将等长的两条线段垂直放置在一起，竖直方向的线段感觉要比水平方向的线段长．可见，"眼见为实"的感知，未必就是"眼见为真"的真相！因为视觉可能会有误差，易受干扰．

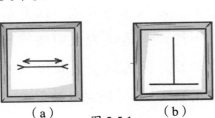

（a）　　　　　　（b）
图 2.5.1

同样，看一个东西，两个人看的角度不同，效果可能不同！

如图 2.5.2 所示取自 2006 年北京高考文综卷的第 35 题．考题的内容是：图（a）画的是位少女，图（b）画的是位老妪．有人做过试验，让两组人分别看图（a）和图（b），再共同看图（c）．看过图（a）的人认定图（c）中的是少女，看过图（b）的人认定图（c）中的是老妪．事实上，图（c）是图（a）和图（b）的结合，从中既可以看出少女的形态，也可以看出老妪的形态．图形欣赏产生的不同效果表明艺术欣赏的效果受思维方式制约，这个试验说明由于思维方式的不同，对物象观察的效果也会不同．

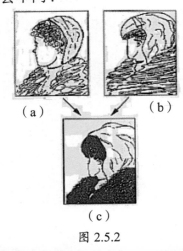

图 2.5.2

再看这样的一串数：1，1，2，3，5，8，13，21，34，55，89，144，……

不同的同学看法各异：有的说，这就是一串杂七杂八的数；也有的说，这是从第 2 个数开始逐渐增大的一串数；还有的说，这串数从第 3 项开始每一项都等于它前面两项的和；更有的说，这串数是按奇、奇、偶，奇、奇、偶，……两奇一偶的规律排列的．

显然，四位同学运用数学思维的程度是有区别的，因此，对同一串数的观察效果就存在差异．

以上道理从侧面说明了理性思维的重要性！

有的同学常问："我们把数学设为主科，每学期都有数学课，花那么多时间，学数学的目的到底是什么？"有些老师回答不出，或者不能理直气壮地解释．老教授斩钉截铁、一字一句地告诉大家："在学校进行数学学习，是为了培养学生科学、理性的思维方式！"

张景中院士在《数学与哲学》一书中说，哲学是认识世界的望远镜，数学是认识世界的显微镜．数学思维是一种科学、理性的思维方式，而不仅仅是打开科学大门的钥匙！

这些大道理需要大家知道，然后在以后的学习和实践中逐渐消化和理解．

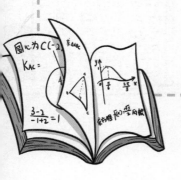

6. 折纸问题

老教授给每人一张纸让大家反复对折，大家对折 5 次或 6 次后就折不动了．这时老教授问："足够大的一张纸（厚约 0.1mm），对折 100 次能有多高？会超过 10000 米吗？"

如果靠直觉判断，把纸对折 100 次可能厚 10 米、20 米或 100 米，总不会再高了吧！

其实，真正去折时才发现折的次数过多时是无法实现的．只能用数学思维进行计算，最后会得出人们意想不到的结果．

一张纸折 1 次，成为 $2^1 = 2$ 层；

折 2 次，成为 $2^2 = 4$ 层；

折 3 次，成为 $2^3 = 8$ 层；

折 4 次，成为 $2^4 = 16$ 层；

……

折 10 次，成为 $2^{10} = 1024$ 层；

……

折 25 次，成为 $2^{25} = 33554432$ 层；

……

折 100 次，成为 $2^{100} = 1267650600228229401496703205376$ 层.

它超过 126.7 万亿兆层，1000 万层合 1 千米，那么它约是 1267 万兆千米.

1 光年 ≈ 94607 亿千米 $\approx 10^{13}$ 千米，则 2^{100} 层纸厚约为 126.7 亿光年.

我们的思维帮我们计算出了直觉不能正确感知的结果，由此我们看到了思维的力量.

大家都知道光速约为每秒 30 万千米，这是看不到的，它也是靠思维推导出来的！

老教授讲的问题和结论，既让孩子们惊讶，又让孩子们信服.孩子们深深感受到理性思维的魅力，既开阔了视野，又打开了脑洞.

7. 图形与信息

老教授头脑里的宝藏真丰富，他喝了一口茶水继续津津有味地聊了起来．

图形可以表达一定的信息，图形也可以隐藏信息，还可以传递信息．

（1）象形文字：☉、☽代表日、月，非常形象，一看到就知道什么意思．大家都知道，中华民族的汉字起源于象形文字．

（2）据说，在阿拉伯数字 1，2，3，4，5，6，7，8，9，0 早期的字形中，每个字对应含有相应"角"的个数，如图 2.7.1 所示．

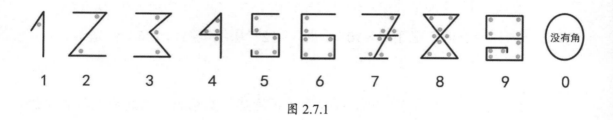

图 2.7.1

（3）交通指示牌的图案

如图 2.7.2 所示图形是一些道路交通标志，其中每个图形都表达特定的意思．如①标志指示公路上车的走向；⑤标志为禁止机动车通行，等等．

图 2.7.2

（4）图形可以隐藏信息，也可以传递信息．

图形中常常隐藏着某些信息，一个著名的例证是德国科学家魏格纳根据大西洋两侧海岸弯曲形状的某些相似性，提出了大陆漂移的假说．"这里还有一个有趣的故事．"老教授说着拿出一张照片和一幅地图，

魏格纳（1880 年—1931 年）

"那是 1910 年的一天，年轻的德国科学家魏格纳躺在病床上，目光盯着墙上的一幅世界地图，如图 2.7.3 所示．奇怪！大西洋两岸大陆轮廓的凹凸，为什么竟如此吻合？他的脑海再也平静不下来，非洲大陆和南美洲大陆以前会不会是连在一起的？可能它们之间原来并没有大西洋，只是后来受到某种力的作用才破裂分离？大陆会不会是漂移以后形成的？魏格纳通过调查研究，从古生物化石、地层构造等方面找到了一些大西洋两侧海岸相吻合的证据．结果得出，两侧海岸的地形之间具有交错的关系，特别是南美洲的东海岸和非洲的西海岸，相互对应，简直像是可以拼合在一起似的．对此，魏格纳做了一个简单的比喻，这就好比一张被撕破的报纸，不仅能把它拼合起来，而且拼合后的印刷文字和行列也恰好吻合．1912 年，魏格纳通过查阅各种资料，根据大西洋两侧海岸的形状、地质构造和古生物等方面的相似性，正式提出了'大陆漂移假说'．在当时，他的假说被认为是荒谬的，因为在这以前，人们一直认为七大洲、四大洋是固定不变的．为了进一步寻找大陆漂移的证据，魏格纳只身前往北极地区的格陵兰岛探险考察，在他 50 岁生日的那一天，不幸遇难．值得告慰的是，他的'大陆漂移假说'现在已被大多数人所接受．这一伟大的科学假说，以及由此而发展起来的'板块学说'，使人类重新认识了地球．"

大西洋两侧海岸线的相似性

图 2.7.3

图 2.7.4 是伏羲六十四卦次序与六十四方位图，在我国古代，人们只是将它们作为占卜凶吉祸福的工具，然而对于数学家、科学家、哲学家莱布尼兹来说，这个图中隐藏着其他奥秘．史料记载，莱布尼兹于 1679 年撰写了论文《二进制算术》．

　　这使他成为二进制记数制的发明人．1701 年，莱布尼兹将自己的二进制数表给了在中国的法国传教士白晋（F.J.Bouvet），同时又将自己关于二进制的论文送交巴黎科学院，但要求暂不发表．同年 11 月，白晋把宋代邵雍（1011 年—1077 年）的伏羲六十四卦次序和六十四方位图给了莱布尼兹．莱布尼兹对白晋提供的材料非常感兴趣，他发现中国古老的卦图可以解释成 0~63 的二进制数表，如图 2.7.5 所示，莱布尼兹因为从二进制数表理解了六十四卦图而高兴地说："几千年来不能被很好地理解的奥秘被我理解了，应该让我加入中国国籍吧！"1703 年，他将修改补充的论文"关于仅用 0 与 1 两个记号的二进制算术的说明，并附其应用以及据此解释古代中国伏羲图的探讨"再送巴黎科学院，要求公开发表，自此，二进制公之于众．

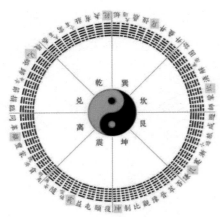

伏羲六十四卦次序和六十四方位图

图 2.7.4

邵雍六十四卦圆图二进制数译图

图 2.7.5

当然几何图形中也隐藏着大量的位置关系和数量关系，等待有心人去发现，这正是我们学习、研究几何学要做的工作．

如图 2.7.6 所示，图中隐藏着什么信息呢？

不难发现：Rt $\triangle EBC$ 的面积 +Rt $\triangle FDC$ 的面积 ≥ 矩形 $ABCD$ 的面积，即 $\dfrac{a^2}{2}+\dfrac{b^2}{2} \geq ab$，也就是 $a^2+b^2 \geq 2ab$. 这不恰好发现了不等式 $a^2+b^2 \geq 2ab$ 的一种几何解释嘛！

另外，我们作边长为 a 的正方形和边长为 b 的正方形（不妨设 $a \geq b > 0$），将这两个正方形按如图 2.7.7 所示拼在一起．不难看出，这个拼出的图形中也隐藏着 $a^2 + b^2 \geq 2ab$ 这个基本不等式的数量关系，这也是数量关系 $a^2 + b^2 \geq 2ab$ 的一种几何解释．

当然，在 $a \geq b > 0$ 的条件下，图 2.7.6 和图 2.7.7 这两个图形都可以作为 $a^2 + b^2 \geq 2ab$ 的构造性证明．

容易看出，当且仅当 $a = b$ 时，等式成立．

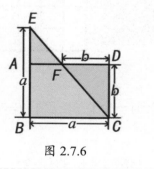

图 2.7.6

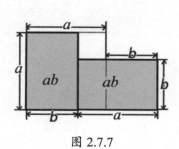

图 2.7.7

善于发现图形中隐藏的数量关系，对我们学好几何是极为重要的！

正如大数学家希尔伯特所说："算术符号是写出来的图形，而几何图形则是画出来的公式．"

（5）宇宙语言

科学家们认为，数学是宇宙的语言．华罗庚教授在 1952 年曾幽默地指出，有人异想天开地提出，如果其他星球上也有高度智慧的生物，而我们要和他们沟通信息，用什么方法可以使他们了解？很明显的，文字和语言都不是有效的工具，就是图画也失去效用，因为那儿的生物形象也许和我们不同，我们的"人形"，也许是他们那儿的"怪状"．同时，习俗也许不同，我们的举手礼也许是他们那儿的"开打姿势"．因此有人建议，用如图 2.7.8 所示的数学图形来作媒介．以上所说内容当然是一则笑话，不过这说明了图形是一个普遍真理的反映．[①] 其实图 2.7.8 是"勾 3 股 4 弦 5"的几何构形，只要是"高级智慧生物"，一看就会心有灵犀一点通，就会互相认同．

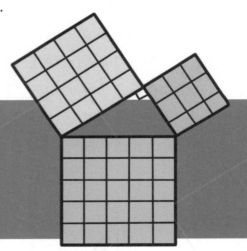

图 2.7.8

几何图形中隐藏着数量关系．比如，你画一个直角三角形，直角边分别是 a，b，斜边是 c，$a^2+b^2=c^2$ 必定成立．

再如，画一个等边三角形，P 是这个三角形内部的任意一个点，则 P 点到三边距离之和是个常值（等边三角形的高）．

---

① 参见《华罗庚科普著作选集》[M]．上海：上海教育出版社，1984：252．

如图2.7.9所示，在平面上画两个三角形△ABC和△$A_1B_1C_1$，如果对应边延长线的交点Q，R，P共线，则对应顶点连线AA_1，BB_1，CC_1一定共点. 这个图形的结构性关系是非常隐秘的. 当然，类似上述的关系，只有经过证明，大家才会承认其是正确的.

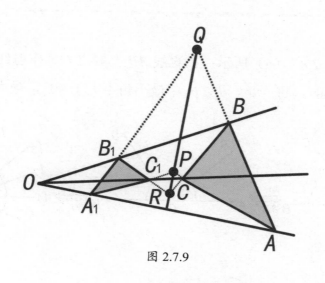

图 2.7.9

我们学习几何，就是要发现图形中隐藏的图形性质和数量关系，并且通过逻辑推理证明这种性质或数量关系，使我们的结论有根有据，成为真理，才能被大家信服.

对于各种图形,人们要尽可能发现其中隐含的信息,对不同的图形要发现其中信息连接的途径.

比如,如图 2.8.1(a)所示,在直线 AB 上取点 O,作射线 OC,则图中隐含信息 $\theta_1 + \theta_2 = 180°$,进一步,$\theta_1$,$\theta_2$ 中最小角不大于 $90°$,最大角不小于 $90°$.

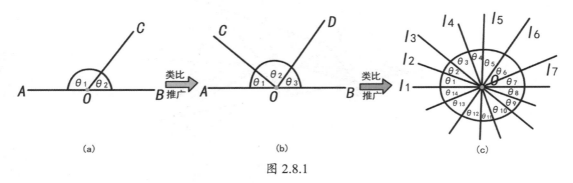

图 2.8.1

如图 2.8.1(b)所示,以 AB 上一点 O 为顶点在同一半平面内作两条射线 OC,OD,则图中含有信息 $\theta_1 + \theta_2 + \theta_3 = 180°$,进一步,$\theta_1$,$\theta_2$,$\theta_3$ 中的最小角不大于 $60°$,而最大角不小于 $60°$.

如图 2.8.1(c)所示,有 7 条直线 $l_1,l_2,l_3,l_4,l_5,l_6,l_7$ 相交于点 O,则两两相邻的直线形成的 14 个角隐含信息 $\theta_1 + \theta_2 + \cdots + \theta_{14} = 360°$,进一步有隐含信息,$\theta_1,\theta_2,\cdots,\theta_{14}$ 中最小角不大于 $\dfrac{360°}{14} = \left(25\dfrac{5}{7}\right)^{\circ}$,最大角不小于 $\dfrac{360°}{14} = \left(25\dfrac{5}{7}\right)^{\circ}$.

如图 2.8.2(a)所示是共点于 O 的 7 条直线,它们通过平移可以变为任两条都相交、任三条都不共点的 7 条直线,其中有 14 个交点形成的锐角,由于两个锐角的两边平行,那么这两个锐角相等,因此编号相邻的两条直线相

交的锐角保持相等，如图 2.8.2（a）中的 θ_1 和图 2.8.2（b）中的 θ_1 相等．反之，通过平移图 2.8.2（b）中任两条都相交、任三条都不共点的 7 条直线可以变成图 2.8.2（a）的共点 O 的 7 条直线，且图 2.8.2（b）中编号相邻的两条直线交成的锐角在图 2.8.2（a）中依然保持相等．

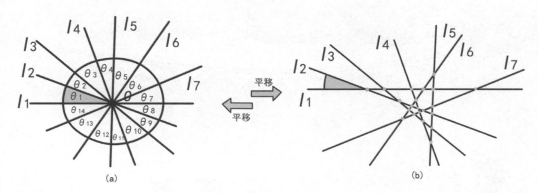

图 2.8.2

发现这些基本图形中隐藏的信息并了解清楚是我们解题的基础．比如，平面上有 7 条直线，其中任两条都不平行、任三条都不共点．求证：在这 7 条直线两两相交形成的角中，至少有一个不大于 $26°$．你会证明吗？

看到本题，首先想到基本图形为图 2.8.2（b），进而联想到平移转化为图 2.8.2（a），从图 2.8.2（a），也就是图 2.8.1（c）中，很容易揭示 $\theta_1, \theta_2, \cdots, \theta_{14}$ 中最小角不大于 $\left(25\frac{5}{7}\right)^{\circ}$，当然它更不会大于 $26°$，这个角等于图 2.8.2（b）中的某个角，当然这个角也不大于 $26°$．

可见，对基本图形隐藏信息的发现、揭示，以及不同图形之间信息转化途径的把握，是我们解题的基础，这正是我们拓展思维需要锻炼的技能．

著名数学教育家弗赖登塔尔说："数学是智力的磨刀石．"如何通过数学这块磨刀石来磨炼智力，发现图形中隐秘的信息及其联系是一个重要的途径．

思考题：新年到，小明布置的联欢会会场挂有 11 个彩灯，如图 2.8.3 所示．你能看出这是哪一年的新年联欢会布置场景吗？

图 2.8.3

老教授说：“秘密就隐藏在这 11 个彩灯里．如果黄色长彩灯看作‘1’，红色圆彩灯看作‘0’，把这 11 个彩灯从左到右看成一个二进制的数．那么这个数在十进制中表示的是什么数呢？”（答案：2016）

9. 几何公理与作图公法

大家在小学阶段学习的几何是直观实验几何，那么现在我们将进入推理几何新天地．

平面图形千姿百态、千变万化．人们发现，点、直线、平面是三个最基本的对象，而这三个基本对象又不是孤立的，彼此之间存在着一些关系．这些关系有三类：

比如"点在直线上""直线在平面上"，这类"** 在 ** 上"称为结合关系；

再如，一个点在另两点之间，两个点在直线同一侧等称为顺序关系；

还有两个几何图形可以完全重合在一起的称为"合同关系"．

这些基本对象和它们之间的基本关系构成了"几何王国"这个社会的社会关系．这个社会中用一些不加证明而直接采用的真理作为"宪法"，用来限定和约束这些基本对象和它们之间的基本关系．这部"宪法"的条文，就是所谓的公理体系．比如，

（1）经过两点有一条直线，并且只有一条直线；

（2）所有连接两点的线中，线段最短；

（3）经过直线外一点，有且只有一条直线与这条直线平行（平行公理）．

以上三条都是几何教材中的公理，是大家都知道的"不加证明而直接采用的真理"．

大家不妨动手将你学过的公理都列举出来，因为公理是我们在"几何王国"中活动的最高准则．特别是我们列举的平行公理，它是决定我们的几何是"欧氏几何"的基本标志．

只要从这些公理出发，依据定义、定理进行正确的推理，就可以认识这个"欧氏几何王国"．

因此，要进入几何新天地，学好"命题""定理""证明"是非常重要的．

初等平面几何限定以直尺、圆规为作图工具．理想的直尺是一种无刻度的单边的尺，用它能过任何给定的两点画一条无限长的直线；理想的圆规，是两脚可以任意张开且可以以定点为圆心，过任何给定的第二个点画一个圆的工具．

说实在话，试问哪把现实的尺子能有无限长？哪个现实的圆规能画任意长度半径的圆？没有！因此，理想的直尺、圆规这两种工具只是现实具体直尺和圆规的理想化工具，被称为"欧几里得工具"．

大家使用这两种工具要遵守如下五条作图公法：

（1）过两个已知点作一直线；

（2）确定两已知直线的交点；

（3）以已知点为圆心，已知长为半径作一个圆；

（4）确定已知直线和已知圆的交点；

（5）确定两个已知圆的交点．

以上五条公法确定了直尺、圆规的基本功能，在此基础上还要明确三条规约：

（1）作图工具限于直尺（无刻度）和圆规的作图叫作"尺规作图"；

（2）尺规作图是有限次使用直尺和圆规的作图；

（3）要求作的图形必须能用逻辑推理的方法证明它的正确性．

欧几里得几何用"直尺"和"圆规"作图至今已有两千多年，画出了辉煌的过去，也将画出灿烂的未来，其中动人、精彩的故事，如"三大尺规作图不能问题"，在后面的有关章节再向大家解说！

10. 这也要证明吗

问题 1：给定一条线段 AB，大家都会用直尺和圆规作出它的中点 M. 这在数学上只表明了线段 AB 中点的存在性. 你还能作出线段 AB 的另一个中点吗？

大家会说："不能了！线段 AB 的中点只有一个."老教授继续追问："一个东西若存在，并不保证具有唯一性呀. 你们怎么肯定线段 AB 的中点只有一个呢？"因此需要讲出道理，以理服人，也就是必须证明.

如图 2.10.1 所示，已知 M 是线段 AB 的中点（即 $AM=MB$），设 AB 还有另一个中点 N（即 $AN=NB$），假设 N 与 M 不重合，不失一般性，不妨设 N 就落在 M 左侧，这样一来，$AM > AN = NB > MB$，与 $AM=MB$ 矛盾！所以点 N 必与点 M 重合，即线段 AB 的中点只能有一个. 于是我们证明了"线段中点"的唯一性.

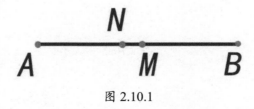

图 2.10.1

问题2：证明平面上不过△ABC顶点的直线至多与△ABC的两边相交.

你随意作不过该三角形顶点的直线，可以与三条边都不相交，也可能只与两条边相交，如图2.10.2所示，将这两句话合在一起即为"至多与该三角形的两条边相交".严格地说，这需要证明.

证明：设△ABC所在平面为α，l是α上不过A，B，C的一条直线. 显而易见，直线l将平面分为两个半平面，l下方的部分记为（Ⅰ），l上方的部分记为（Ⅱ）.把（Ⅰ）（Ⅱ）看作两个抽屉，A，B，C三点看作3个苹果，由抽屉原理，（Ⅰ）（Ⅱ）中有一个含有A，B，C中的至少两个苹果. 为确定起见，不妨设（Ⅰ）中至少含有B，C两点，显然，线段BC与l没有公共点，即l与△ABC的BC边不相交. 因此可以断言，l至多与△ABC的AB，AC两边相交.

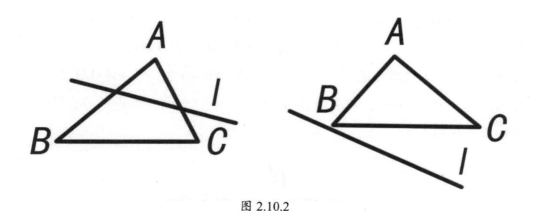

图 2.10.2

问题 3：（1）在半径为 1 的圆中任给 7 个点．试证：其中必有两个点，它们之间的距离不超过 1．

（2）在半径为 1 的圆中任给 6 个点．试证：其中必有两个点，它们之间的距离不超过 1．

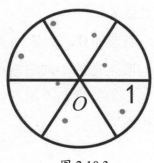

图 2.10.3

显然（2）是（1）的改进和加强．

解：（1）将圆等分为中心角为 60° 的 6 个扇形，如图 2.10.3 所示，将本题看作将 7 个苹果放入 6 个抽屉中，根据抽屉原理，一定有一个抽屉中放入不少于 2 个苹果．即有 2 个点在同一个中心角为 60° 的扇形中，这两点的距离不超过 1．

（2）设想圆心 O 有一个钉子，可使圆绕中心 O 转动．将圆等分为中心角为 60° 的 6 个扇形的一条边（半径）恰通过放入的一点 A_1，如图 2.10.4（a）所示，这时，如果点 A_1 两侧的两个扇形中有一个有放入的点，不妨设为 A_2，则 $A_1A_2 \leqslant 1$，命题成立．如果点 A_1 两侧的两个扇形中都没有其余 5 个放入的点，则这 5 个放入的点都在另外的 4 个扇形中，如图 2.10.4（b）所示，根据抽屉原理，这 5 个点中至少有两个点放入了同一个扇形中，这两个点的距离不超过 1．

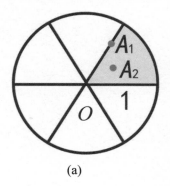

(a)

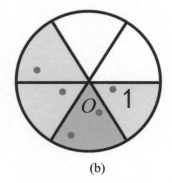

(b)

图 2.10.4

证明第（2）问需要开动脑筋，有灵活巧妙的思维，使 7 个点减少到 6 个点，如果你独立想到这个证法，你是不是会感受到成功的喜悦和快感呢？

时间过得真快，3 个小时了！老教授也该休息了！在欢快的、依依不舍的氛围中，老教授把大家送到屋外后，祝大家暑期愉快，树理想、长知识、健体魄，茁壮成长．

赵老师要求大家回去以后，都认真收集查阅一些几何方面的资料、史料，如勾股定理的不同的典型证法、有趣的应用例题等．因为大家在参观完"点线构图"实验室和"图形剪拼"实验室以后，夏令营还将举办"勾股定理"读书汇报会．

三、点线构图基本功

要多动手，多动脑筋，凡事问个为什么.

——华罗庚（1972 年为巢洋、巢波两
个小朋友写的寄语）

　　今天安排大家参观"点线构图"实验室，实验室为每位参观者提供了一台
计算机，从中可以点出各种点线构图问题，每次点一题，计算机有语音问答提示，
直到问题解答完，才可点下一题. 大家解答的部分问题收集如下.

1. 折线连结
点阵

如图 3.1.1（a）所示，2×2 方格上有 9 个格点，要用一条折线不断笔地将它们连接起来，最多转折 3 次，怎么办？

这是一道心理测试中的数学问题．要解决这个问题，若局限在 9 个点之间两两连接线段是不行的，必须让线段突破某种既定的思考范围，这正是所谓的"退一步，海阔天空"．可见，这一思维的突然转变，正发生在思维定式被突破的刹那之间，然后给人以恍然大悟的感觉．

突破思维的定式，连线方法如图 3.1.1（b）所示，满足要求．

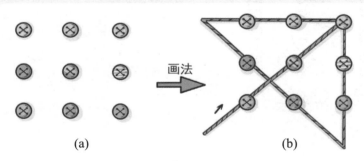

(a)   画法 ➡   (b)

图 3.1.1

思考题：现在有如图 3.1.2（a）所示的 3×3 方格的 16 个格点，请你画出包含 6 条线段的折线，将这 16 个格点连接起来．如图 3.1.2（b）所示．

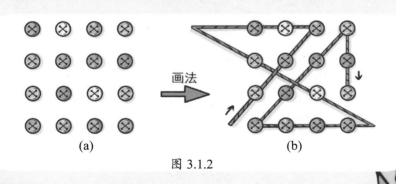

(a)   画法 ➡   (b)

图 3.1.2

2. 画出奇妙的 4 个点

在平面上随意画 4 个点是很容易的，但要画出满足某种性质的 4 个点，往往就不那么容易了．总不能大海捞针似的一遍一遍去试吧，需要动脑筋思考一下！

请你在平面上画出 4 个点，使得过它们中任意两点的直线都垂直于过另外两点的直线．请你动手画画看！

这的确是一道有趣的问题．怎么办？乱画是不成的！总要学会动脑分析问题．

先画出共线的 4 个点，易知不满足问题条件！

再画出其中有 A，B，C 3 点共线的 4 个点，如图 3.2.1 所示，$DB \perp AC$，但 $AC \not\perp DC$，$AD \not\perp BC$，因此也不满足问题条件！

所以，要满足问题条件，只能是任意 3 点都不共线的情形.

我们先在平面上画 3 条两两相交的直线，交成 A，B，C 3 个点，它们恰是 △ABC 的 3 个顶点，如图 3.2.2 所示.

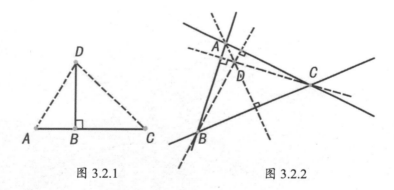

图 3.2.1   图 3.2.2

现在假设 D 点已经画出，则应有 $AD \perp BC$，$BD \perp AC$，即点 D 在过点 A 的 BC 的垂线上，点 D 也在过点 B 的 AC 的垂线上，因此，D 点应是过点 A 的 BC 的垂线与过点 B 的 AC 的垂线的交点. 这样，D 点可以画出.

易知，点 D 恰是 △ABC 的垂心，因此 $CD \perp AB$ 成立. 所以这样画出的 4 个点符合"过它们中任意两点的直线都垂直于过另两点的直线"的要求.

3. "简单线段" 共几条

图 3.3.1

图 3.3.1 中的 9 个点在 2×2 方格的格点处. 请用线段连接任意两个格点，如果所连的线段内部没有格点，这样的线段称为"简单线段". 共可连接出多少条"简单线段"？

解法一：可按题设规则连接"简单线段"，如图 3.3.2 所示，共数出 28 条.

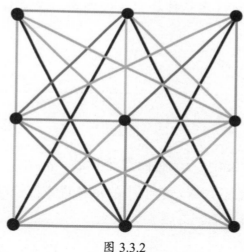

图 3.3.2

解法二：任何两个点之间都可以连接，共有 $\frac{1}{2} \times (9 \times 8) = 36$ 条线段.

其中每行、每列、每条对角线两端的点，连接时会连上中间的点，不是"简单线段". 这样，共有 8 种情况不是"简单线段".

因此满足条件的"简单线段"共有 36−8=28 条.

通过思维计算所得的结果与动手画出的结果完全一致.

4.6 条直线与 7 条直线

（1）能否在平面上画出 6 条直线（任意 3 条都不共点），使得它们中的每条直线都恰与另外 3 条直线相交？请说明你的画法．

（2）能否在平面上画出 7 条直线（任意 3 条都不共点），使得它们中的每条直线都恰与另外 3 条直线相交？如果能，请画出一例；如果不能，请说明理由．

解题

（1）如图 3.4.1 所示有两组平行线，$m_1 // m_2 // m_3$，$n_1 // n_2 // n_3$，这 6 条直线任意 3 条都不共点，它们中的每条直线都恰与另外 3 条直线相交．

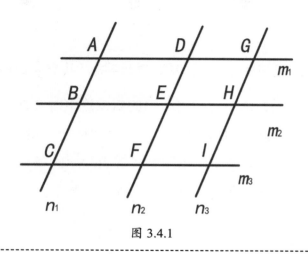

图 3.4.1

（2）不能在平面上画出任意 3 条都不共点的 7 条直线，使得它们中的每条直线都恰与另外 3 条直线相交．理由如下．

证法一：假设在平面上能画出任意 3 条都不共点的 7 条直线 l_1，l_2，l_3，l_4，l_5，l_6，l_7，使得每条直线都恰与另外 3 条直线相交，则 l_1 只与 3 条直线相交，不妨设 l_1 只与 l_2，l_3，l_4 相交，此时，l_1 与 l_5，l_6，l_7 均不相交，即 $l_1 /\!/ l_5$，$l_1 /\!/ l_6$，$l_1 /\!/ l_7$，这时由于 l_1 与 l_2 相交，所以 l_2 与 l_5，l_6，l_7 均要相交．于是 l_2 与 l_1，l_5，l_6，l_7 4 条直线相交，与"每条直线都恰与另外 3 条直线相交"矛盾！

所以，满足题设条件的 7 条直线是画不出来的．

证法二：由于每条直线恰与另外 3 条直线相交，且任 3 条直线都不共点，所以 7 条直线共计有 3×7=21 个交点．

由于每两条直线相交得一个交点，所以实际交点总数应为

$$21 \div 2 = 11.5 \text{ 个}.$$

与交点总数为正整数相矛盾．故不能画出．

5. 长度是连续整数的线段

（1）试说明：直线上存在4个点，使得这4个点两两之间的6个距离恰为1，2，3，4，5，6这6个值.

（2）在直线上是否存在5个点，使得这5个点两两之间的10个距离恰为1，2，3，4，5，6，7，8，9，10这10个值？如果能，请举一例；如果不能，请说明理由.

解：（1）如图3.5.1所示，X，Y，Z，W 4点共线，使得 $XY=1$，$YZ=3$，$ZW=2$ 即符合要求.

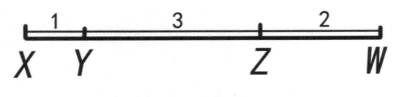

图 3.5.1

验证得，$XY=1$，$ZW=2$，$YZ=3$，$XZ=4$，$YW=5$，$XW=6$，符合题意.

（2）答：不存在．

理由如下：设直线上存在符合题设条件的 5 个点，如图 3.5.2 所示，它们依次是 A，B，C，D，E，记两两之间的 10 个距离之和为 S.

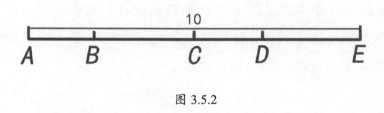

图 3.5.2

依题意有，$S=1+2+3+4+5+6+7+8+9+10=55$，是个奇数．

另一方面，$S = AB+(AB+BC)+(AB+BC+CD)+10+BC+(BC+CD)+(10-AB)+CD+(10-AB-BC)+(10-AB-BC-CD)=40+2BC+2CD$.

由于 BC 和 CD 都是整数，所以 $S=40+2BC+2CD$ 是个偶数，与 $S=55$ 矛盾！

所以，在直线上不存在 5 个点，使得这 5 个点两两之间的距离恰为 1，2，3，4，5，6，7，8，9，10 这 10 个值．

6. 任 4 点去一点

在平面上给定 n 个点，从这 n 个点中的任意 4 个点中都可去掉一个点，使其余的 3 个点在同一条直线上．证明：从所给 n 个点中必可以去掉一个点，使得所有其余的 $n-1$ 个点都在同一条直线上．

证明：显然给定的点数 $n \geqslant 4$. 当给定的 n 个点共线时，命题显然是成立的．我们只需讨论 n 个点不全共线的情况．于是，我们可以选取不全共线的 4 个点 A，B，C，D. 根据已知条件，它们中存在 3 点共线．为确定起见，不妨设点 A，B，C 在直线 l 上而点 D 不在直线 l 上，如图 3.6.1（a）所示．

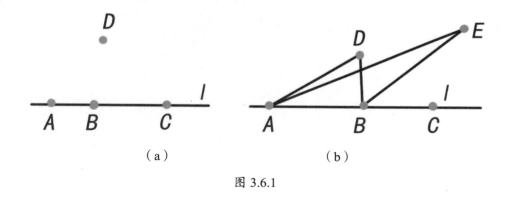

（a）　　　　　　　　　（b）

图 3.6.1

我们证明，除 D 点外的所有点都在直线 l 上．

如图 3.6.1（b）所示，如果点 D，E 都不在直线 l 上，我们考察 A，B，D，E 4 个点，3 点组 A，B，D 和 A，B，E 都不共线，所以共线的 3 点组要么是 A，D，E，要么是 B，D，E.为确定起见，不妨设 A，D，E 共线，则易知 B，C，D，E 中任 3 点都不共线．与题设条件相矛盾！

因此，可以从满足题设条件的 n 个点中去掉一个点，使得其余 $n-1$ 个点都在同一条直线上．

这样的问题有没有实际意义呢？

有的，比如，有 100 名学生，其中任意 4 人中有 3 名是女学生，则根据本题的结论，可以断定这 100 名学生要么是 100 名女学生，要么是 99 名女学生，另一名是男学生．

想想看，你还能举出另外的符合本题条件的实际例子吗？

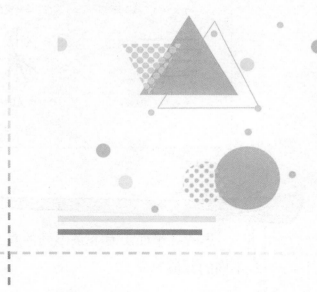

7. 计数交点个数

平面上有 5 条不同的直线，形成 a 个交点，则 a 有多少个不同的数值？

解：若每两条直线有 1 个交点，则 5 条直线最多有 4+3+2+1=10 个交点，最少有 0 个交点．其中 2 个交点、3 个交点的情况是不存在的．

5 条直线考虑多线共点与多线平行，有以下 9 种可能的情况，如图 3.7.1 所示，所以 a 有 9 个不同的数值.

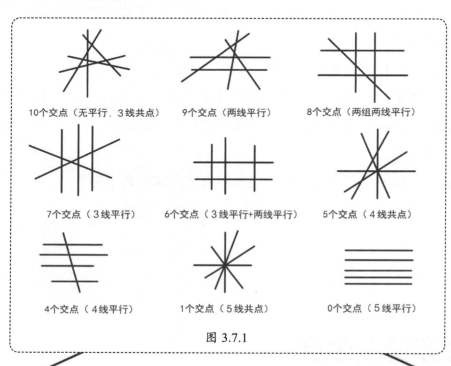

10个交点（无平行，3线共点）　　9个交点（两线平行）　　8个交点（两组两线平行）

7个交点（3线平行）　　6个交点（3线平行+两线平行）　　5个交点（4线共点）

4个交点（4线平行）　　1个交点（5线共点）　　0个交点（5线平行）

图 3.7.1

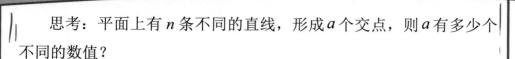

思考：平面上有 n 条不同的直线，形成 a 个交点，则 a 有多少个不同的数值？

提示：当 $n \geq 4$ 时，平面上 n 条不同直线的交点个数 a 可取 0 个，1 个，最多有 $\dfrac{n(n-1)}{2}$ 个. 其中，2，$\cdots$，$n-2$ 这些值是取不到的.

$$\frac{n(n-1)}{2} + 1 - (n-3) = \frac{1}{2}\left(n^2 - 3n + 8\right).$$

因此，a 有 $\dfrac{1}{2}\left(n^2 - 3n + 8\right)$ 个不同的数值.

8. 怎样的 n 条直线符合要求

在平面上有 n 条直线，其中任意 3 条不交于一点．如果每条直线只与另外 3 条直线相交，那么 n 可以取什么值？请画出简图．

先动手画 3 条直线，4 条直线，5 条直线，……不难发现，4 条直线和 6 条直线可以画出符合要求的图形，如图 3.8.1 所示．n 可以等于其他值吗？如果继续尝试，无穷多的 n 值是画不完的．怎么办？我们必须动脑进行分析．

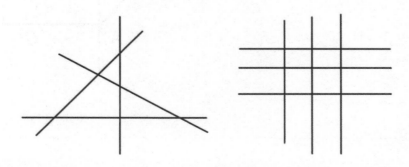

图 3.8.1

分析：易知题设的 n 条直线交点的总个数为 $\dfrac{3n}{2}$，因为交点个数必是整数，可知 n 为偶数．显然，$n \geqslant 4$.

假设若 $n \geqslant 8$，任取一条直线 l，根据条件"每条直线只与另外 3 条直线相交"，则与它平行的直线至少有 4 条，从而与 l 相交的直线至少有 5 条，与条件矛盾！因此 $n \geqslant 8$ 不能成立，故 n 只能是 4 或 6.

测验：你能画两个凸四边形，使得每个四边形的所有的边都位于另一个四边形边的中垂线上吗？请你试一试吧！

提示：如图3.8.2所示，四边形 $ABCD$ 和 $A'B'C'D'$ 满足 $AA'CC'$ 是正方形，等腰直角 $\triangle AA'B$，$\triangle CC'D$，$\triangle A'B'C$，$\triangle C'AD'$ 如图排列，实线平行四边形 $ABCD$ 和虚线平行四边形 $A'B'C'D'$ 满足要求.

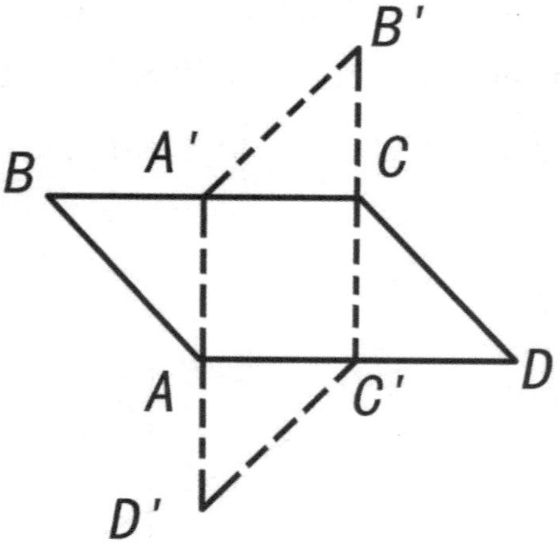

图 3.8.2

9. 设置"手势密码"

如图 3.9.1 所示是在手机上设置"手势密码"的图片，在 2×2 方格中有 9 个格点。"手势密码"是以某个格点为起点，用线段依次连接若干格点。每次连接的线段中间不能有未被用过的格点并且线段的两个端点不能都是已用的格点。若一个人的手机密码以中心的格点为起点且只用了 3 个格点，问能有多少种连接方式？

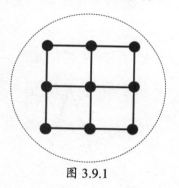

图 3.9.1

这是根据手机设置"手势密码"提出的问题。

分析：如图 3.9.2 所示，9 个格点分别用字母表示。以 O 点为起点，可以先用线段连接另外 8 个格点中的任意一个，然后再连接第 3 个格点。

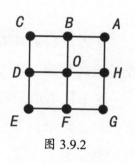

图 3.9.2

（1）当第二个格点为 A 时，根据题目条件，连接的第三个格点可以是 B，D，E，F，H，所以有 5 种连接方式。类似地，当第二个格点为 C，E，G 时，各有 5 种连接方式。

（2）当第二个格点为 B 时，连接的第三个格点可以是 O 和 B 以外的其他 7 个格点，所以有 7 种连接方式。类似地，第二个格点为 D，F，H 时，各有 7 种连接方式。

因此满足条件的连接方式共有 4×（5+7）=48（种）。

10. 有趣的折线

对怎样的自然数 n 存在 n 个线节的闭折线，使得它的每个线节恰与自身相交一次. 所有的交点应当在线节的内部，且不过顶点，任何 3 个线节不交于一点.

我们先动手画一画，再进行分析.

画后发现，对于某些自然数 n 而言，这样的折线不存在，如 $n = 1$，2，3，4.

另一方面，对于某些自然数 n 而言，这样的折线可以画出，如图 3.10.1 所示给了 $n = 6$ 的情形.

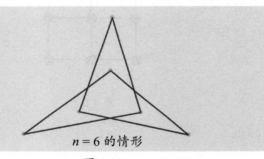

$n = 6$ 的情形

图 3.10.1

分析：我们注意到这样的折线的性质是，它的线节形成 3 对，同时每对线节彼此相交，而与另外的线节不相交.

这个性质由问题给出的条件得出，如果某个折线交自己的线节恰好一次，那么每个线节同与它相交的线节形成一对. 但是，为了线节能够分成对，它们的数量必定是偶数个. 于是，我们证明了，对于奇数 n 这样的折线是不存在的. 这就是说，这样的折线若存在，只能是 $n \geqslant 6$ 的偶数. 想一想，对于每个 $n \geqslant 6$ 的偶数作出这样的闭折线的一般方法，见图 3.10.2.

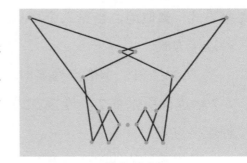

图 3.10.2

11．复原古堡五边形城墙

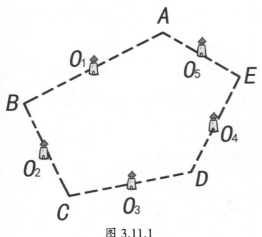

图 3.11.1

如图 3.11.1 所示，古老的城堡有五边形的城墙，在五边形各边中点建有 5 座塔楼．经过若干世纪，除各边中点建的 5 座塔楼还遗存外，城墙的踪迹已荡然无存．请你根据仅存 5 座塔楼的位置，将五边形城墙复原出来．

这个问题非常有趣，但也有一定的难度．首先我们将问题表述为数学问题：已知五边形 5 边中点 O_1，O_2，O_3，O_4，O_5 的位置，求作这个五边形．

分析：如图 3.11.2 所示，假设 $ABCDE$ 为所求作的五边形，则 A 关于 O_1 的对称点为 B；B 关于 O_2 的对称点为 C；C 关于 O_3 的对称点为 D；D 关于 O_4 的对称点为 E；E 关于 O_5 的对称点为 A．

再任取点 P，作 P 关于 O_1 的对称点为 P_1，P_1 关于 O_2 的对称点为 P_2，P_2 关于 O_3 的对称点为 P_3，P_3 关于 O_4 的对称点为 P_4，P_4 关于 O_5 的对称点为 P_5，连接 AP，BP_1，CP_2，DP_3，EP_4，AP_5，则有 $AP \underline{\parallel} BP_1 \underline{\parallel} CP_2 \underline{\parallel} DP_3 \underline{\parallel} EP_4 \underline{\parallel} AP_5$. 因此 P，A，P_5 共线，A 为 PP_5 的中点，即 A 点可以确定.

作法：①任取点 P；

②依次作 P 关于 O_1 的对称点 P_1，P_1 关于 O_2 的对称点 P_2，P_2 关于 O_3 的对称点 P_3，P_3 关于 O_4 的对称点 P_4，P_4 关于 O_5 的对称点 P_5；

③作线段 PP_5 的中点 A；

④依次作 A 关于 O_1 的对称点 B，B 关于 O_2 的对称点 C，C 关于 O_3 的对称点 D，D 关于 O_4 的对称点 E；

⑤连接 AB，BC，CD，DE，EA，则五边形 $ABCDE$ 即为所求.

本题常有一解.

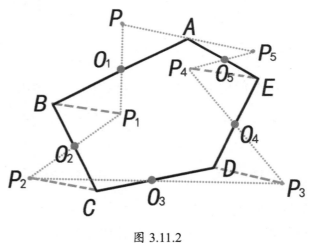

图 3.11.2

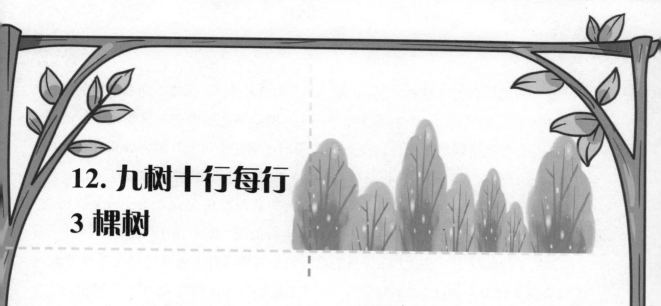

12. 九树十行每行
3 棵树

请种 9 棵树，使之成 10 行，要求每行恰有 3 棵树，问有几种不同的种法？

要解这个问题，可先动手去画，但很难成功，还是要认真分析.

分析：先根据点、线之间的数量关系，推导出一些性质，然后根据这些性质来帮助作图.

每行树有两个端点，于是 10 行树有 20 个端点，而总共有 9 棵树，所以至少有一棵树是 3 行的共同端点（这是因为 2×9=18<20，此处应用了抽屉原理）. 即不管怎么种树，只要满足要求，就一定有如图 3.12.1 所示的结构，这就大体确定了 7 棵树的位置.

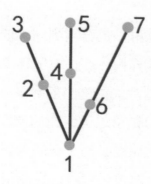

图 3.12.1

另一方面，每行 3 棵树，共 10 行，故共有 3×10=30 棵树，而 9 棵树的每棵树属于 3 行，则共有 3×9=27 棵树，少于 30 棵，于是至少有一棵树是 4 行的交点．那么会存在某棵树是 5 行的交点吗？我们证明这不可能！因为如果存在一棵树 A 是 5 行的交点，则这 5 行总计会有 3×5=15 棵树．但树 A 多算了 4 次，所以实际这 5 行有 15−14=11 棵树，显然大于树的总棵数 9．因此不会出现某棵树 A 是 5 行交点的情况．那么至多会有几棵树是 4 行的交点呢？由于可以预判至多有 3 棵树是 4 行的交点．根据上面分析的这些性质对图 3.12.1 分几种情况进行讨论．设包含图 3.12.1 中的点 2，3，4，5，6，7 的最小凸多边形为 D．可分三种情况：

（1）D 是六边形；（2）D 是五边形；（3）D 是四边形（其他情况不可能出现）．可以证明，第（1）种情况有唯一解，如图 3.12.2 所示，其中 8，1，9 三个点属于 4 行；第（3）种情况也有唯一解，如图 3.12.3 所示，其中 1，4，5 三个点属于 4 行；第（2）种情况没有解．

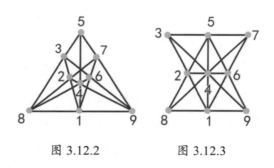

图 3.12.2   图 3.12.3

种树游戏也可看成是这个问题的特殊情况：给定图形的某些特定的性质，求作符合条件的图形．

在生产实践和科学研究中，也会遇到同类的问题．如在化学中，已知物质的分子式，求其所有的同素异构体；在电子计算机的电路设计中，按设计要求提出对线路结构的一些限制，求在这些限制下合乎要求的线路，等等．正因为如此，故在图论中就有专门讨论这类问题的课题，称为图形实现论．在近代数学中有一门"有限几何"的课题，这个课题专门研究有限个点、线、面等之间的关系．一个看起来很简单的种树游戏，竟能把我们带进近代数学的一些课题中，这大概就是数学游戏美妙而耐人寻味的地方吧！

四、图形剪拼奥妙多

几何学是大脑的"维生素"！

——沙雷金

今天安排大家到"图形剪拼"实验室活动.

几何学中有一条有趣而奇妙的定理："两个面积相等的多边形，可以将其中任意一个切开成有限的块数，然后拼成另一个."这个定理由近代伟大的数学家希尔伯特（1862年—1943年）所证明.

这个定理告诉我们：一个多边形可以切拼成等积的另一个多边形，如三角形、正方形等.但定理没告诉我们具体的切拼方法.很显然，切拼的块数越少越好.探寻具体图形的切拼方法，自然成为锻炼我们思维的体操.

图形的切拼，不单纯是智力游戏，还有一定的实用价值，对工厂下料、工艺美术图案设计都有用.

以下问题，对增强对几何图形的直观感知和判断能力，丰富图形的想象力是有益处的.

1. 七巧板拼图

将一个正方形木板如图 4.1.1 所示画线分成 7 块图板.

图 4.1.1

试用这 7 块小图板拼出如图 4.1.2 所示的图形.

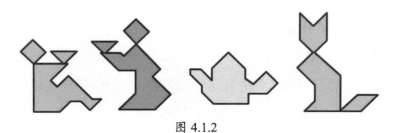

图 4.1.2

答案：拼法如图 4.1.3 所示.

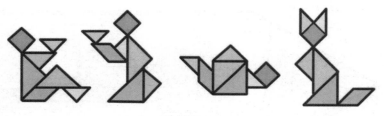

图 4.1.3

以上是我国流传很广的"七巧板"拼图游戏.

七巧板是大家从小就玩的智力玩具. 通过拼合，可以发现七巧板中一些几何图形面积之间的数量关系. 在北京地区流传着关于七巧板的一首歌谣：

七巧板，真好玩，姑娘小子都喜欢。

正方形，三角形，七块小板拼图案。

摆只鸡，摆条鱼，摆只蝴蝶舞蹁跹。

摆小桥，摆帆船，摆朵荷花浮水面。

随心所欲翻花样，动手动脑乐无边。

　　七巧板起源于中国，欧美国家把七巧板叫作"唐图"，意思是来自中国的拼图. 七巧板究竟起源于何时，是谁发明的？迄今没有准确答案. 目前已经知道，我国关于七巧板的第一本出版物是出版于 1813 年的《七巧图合璧》，此书目前被收藏在大英博物馆中. 这本书当时在国内外都非常著名，1818 年，欧美各国也纷纷出版了关于七巧板的书籍.

　　由一个大正方形分成的一个正方形、五块三角形、一个平行四边形，共七块图板，可以拼出千姿百态的图案，趣味无穷. 七巧板拼图为人们提供了发挥丰富想象力和创造力的空间，是一种好玩的开发智力的益智玩具.

　　请你用七巧板拼出"七""巧"两个字和"桥""船"两个图案.

　　右图是由一副七巧板拼成的奖杯平面图.请你回答：其中标有"★"的图板的面积占奖杯平面图总面积的几分之几？

　　答：$\dfrac{1}{8}$.

2. 剪拼正方形

将如图 4.2.1 所示的两个正方形剪拼成一个大正方形.

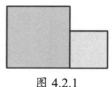

图 4.2.1

这是常见的一个拼图问题.

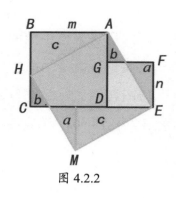

图 4.2.2

在图 4.2.2 中, 两个正方形面积之和为 AD^2+DE^2, 由直角 $\triangle ADE$ 可知 $AD^2+DE^2=AE^2$, AE^2 恰是求作的大正方形的面积. 因此可得如下剪拼方法:

① 连接 AE.

② 在 BC 上取点 H, 使得 $AH=AE$.

③ 作 $\angle MHA=90°$.

④ 沿 AE, AH, HM 剪开, 拼成四边形 $AHME$. 则 $AHME$ 即为所求作的正方形.

图 4.2.2 选自中国古代证明勾股定理的"青朱出入图". 1976 年华罗庚在重新发表《大哉数学之为用》一文时, 又补充了这个图形. 他认为此图可作为宇宙语言同地外智慧生物交流, 传达地球人已经懂得"证明"的信息.

将两个正方形剪拼成一个大正方形的方法很多, 在许莼舫著的《中算家的几何学研究》中精选有 22 种之多, 如图 4.2.3 所示是其中的两种方法, 供读者参考.

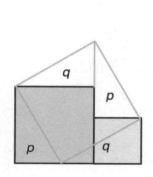
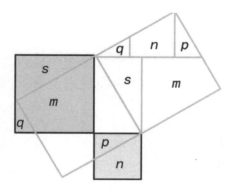

图 4.2.3

3. 剪拼缺角矩形为正方形

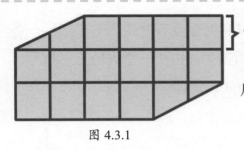

图 4.3.1

将如图 4.3.1 所示的纸片剪成两部分，然后拼成一个正方形．

一定要先动手剪拼，再看答案和解题思路．

答案：剪拼方法如图 4.3.2 所示．

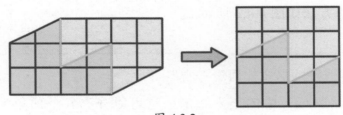

图 4.3.2

盲目剪拼不会一下成功．那么如何思考呢？

首先，应该明确拼成的正方形面积是 $16=4×4$，然后如图 4.3.3（a）所示画出面积等于 16 的正方形 $ABCD$，比对发现四边形 $AEFG$ 大于 $HSCJ$，只能连接 AK，将原纸片沿 AK，KT，TH 剪成两部分，如图 4.3.3（b）所示，再将 $AEFGHTK$ 整体移拼到黄色部分下方，恰好拼成图 4.3.3（c）．

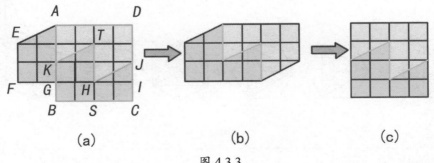

(a)　　　　　　　　(b)　　　　　　　　(c)

图 4.3.3

4. 剪拼正六边形为正三角形

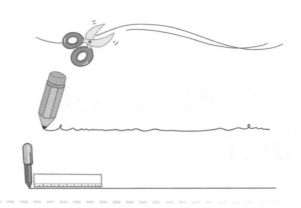

试将两张全等的正六边形纸片，每张各剪两刀，拼成一个大的正三角形，如图 4.4.1 所示

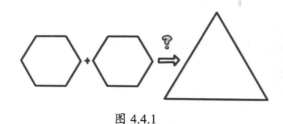

图 4.4.1

一定要先动手剪拼，再看答案和解题思路.

答案：剪拼方法如图 4.4.2 所示.

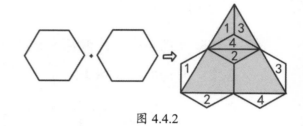

图 4.4.2

不能盲目剪拼，那么如何思考呢？

先看图 4.4.3（a）中的正六边形，它可以分为 6 个顶角为 120°、腰为正六边形边长的等腰三角形，两个这样的正六边形共有 12 个顶角为 120°、腰为正六边形边长的等腰三角形，如图 4.4.3（b）所示，旋转两个正六边形变成如图 4.4.3（c）所示图形，每 3 个顶角为 120°、腰为正六边形边长的等腰三角形可以拼成和 △ACE 相同的正三角形，因此两个正六边形可以拼成 4 个和 △ACE 相同的正三角形，而 4 个正三角形就可以拼成一个大的以两倍 AC 为边的大正三角形，如图 4.4.3（d）所示.

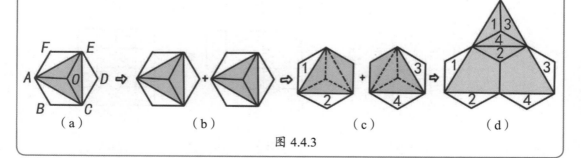

图 4.4.3

5. 重新焊接扩大面积

正方形 $ABCD$ 的周界是用 4 根 20 厘米、不能弯曲的细钢条焊接而成的，如图 4.5.1 所示．问能否将正方形的周界切割成 4 部分，重新焊接成封闭的一圈，使得围成的多边形的面积大于 400 平方厘米呢？

如果能，请试举一例；如果不能，请说明理由．（假设切割和焊接时损耗不计）

答案：可以！

理由：切割、焊接方法如图 4.5.2 所示．

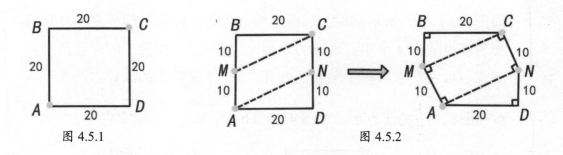

图 4.5.1   图 4.5.2

请你思考：给你一把剪刀和一张 A4 纸，你能将 A4 纸剪一个洞，使得你自己的身体能从洞中穿过吗？请你动脑、动手试试看，时间两分钟．

答案：可以．

理由：剪法示意如图 4.5.3 所示．

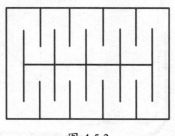

图 4.5.3

6. 裱糊正方体问题

你能用总面积为 6 的 6 张不全相等的正方形纸片将 1×1×1 的正方体完全裱糊起来吗？如果能，请你演示裱糊的方法；如果不能，请说明理由.

分析：若用 6 张面积都为 1 的正方形纸片，显然可以将 1×1×1 的正方体完全裱糊起来.现在要用总面积为 6 的 6 张不全相等的正方形纸片来裱糊 1×1×1 的正方体，即至少用总面积为 6 的两种不同大小的正方形纸片来裱糊 1×1×1 的正方体，考虑到 $6 = 2+2+\frac{1}{2}+\frac{1}{2}+\frac{1}{2}+\frac{1}{2}$，可以按下面的方法裱糊.

连接 1×1×1 的正方体各表面正方形的两条对角线，剪出两张边长等于表面正方形的对角线长的大正方形（面积为 2）纸片.其中一张如图 4.6.1（a）所示裱糊上表面和相邻的每个侧面的四分之一（正方形的顶点放在 4 个相邻表面的中心）.另一张面积为 2 的正方形裱糊下表面以及相邻的每个侧面的四分之一.4 张剩余的纸片，每张可以裱糊面积为 $\frac{1}{2}$ 的正方形，如图 4.6.1（b）所示.这样就完成了.

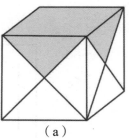

（a）

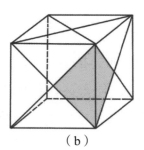

（b）

图 4.6.1

7. 短板原理的应用

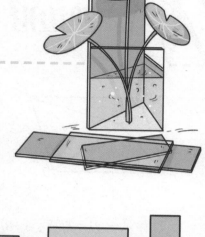

有 3 块长方形钢化玻璃板，尺寸如图 4.7.1 所示，（单位：分米）．想用这 3 块钢化玻璃板为侧面，水泥地平面为底面，粘合一个临时的盛水容器，3 块钢化玻璃板不许剪裁和弯曲，只允许在边缘处黏合，问容器最多可容多少立方分米的水？

答案：48 立方分米．

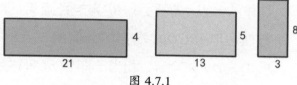

图 4.7.1

分析：3 块长方形钢化玻璃板，只能做容器的侧面，因此容器的底面是一个三角形．

根据两边之和大于第三边的要求，易知这个容器的底面只能是边长为 3，4，5 和边长为 4，5，8 的三角形两种情况．

（1）底面三角形边长为 3，4，5．侧面取最短的高为 8，如图 4.7.2 所示，

$$容积 = \frac{1}{2} \times 3 \times 4 \times 8 = 48 （立方分米）．$$

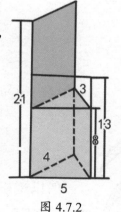

图 4.7.2

（2）底面三角形边长为 4，5，8，设长为 8 的边上的高为 h，如图 4.7.3 所示．

则底面三角形面积 $= \frac{1}{2} \times 8 \times h$，侧面取最短的高为 3．

$$容积 = (\frac{1}{2} \times 8 \times h) \times 3 < \frac{1}{2} \times 8 \times 4 \times 3 = 48 （立方分米）．$$

所以容器最多可容 48 立方分米的水．

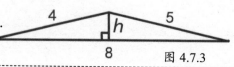

图 4.7.3

8. 作特殊性质的四边形

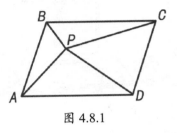

图 4.8.1

在纸板上画有一个平行四边形 $ABCD$，P 为平行四边形 $ABCD$ 内一点，如图 4.8.1 所示．请用圆规、（无刻度）直尺、铅笔为工具，画出一个边长分别等于 PA，PB，PC 和 PD 的四边形，使得该四边形的面积恰是平行四边形面积的一半．

作法：以 A 为圆心，BP 为半径画弧，以 D 为圆心，CP 为半径画弧，两弧交于平行四边形 $ABCD$ 的关于 AD 外侧的一点 P'，连接 AP'，DP'，则 $AP'=BP$，$DP'=CP$．$\triangle P'AD$ 与 $\triangle PBC$ 全等，相当于将 $\triangle PBC$ 平移到 $\triangle P'AD$ 处，如图 4.8.2（a）所示．同理，也可平移 $\triangle PAB$ 到 $\triangle P'DC$ 处，如图 4.8.2（b）所示．

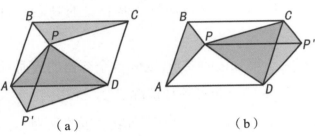

图 4.8.2

理由：易知 $\triangle PBC$ 的面积 $+\triangle PAD$ 的面积

$=\triangle PAB$ 的面积 $+\triangle PCD$ 的面积

$=\dfrac{1}{2}\times$ 平行四边形 $ABCD$ 的面积．

所以平移 $\triangle PBC$ 到 $\triangle P'AD$（或平移 $\triangle PAB$ 到 $\triangle P'DC$），所得四边形 $AP'DP$（或 $CP'DP$）边长分别等于 PA、PB、PC 和 PD，面积恰是平行四边形 $ABCD$ 面积的一半，即作图符合题设的要求．

9. 十阶完美矩形

现有 10 个边长分别为 3，5，6，11，17，19，22，23，24，25 的正方形. 试问，用这些正方形能否拼接（不许重叠、不许中空）成一个长方形？如果能，就给出这个长方形的长和宽，并画出拼接图；如果不能，请说明理由.

解：这 10 个正方形面积的和为 $3^2+5^2+6^2+11^2+17^2+19^2+22^2+23^2+24^2+25^2=3055$.

如果能将这 10 个正方形拼接成一个长方形，这个长方形的面积就是 3055. 对 3055 分解因数，便可知长方形的长和宽的可能值.

因为 $3055=5\times13\times47$，所以长方形的长和宽的可能值是 3055 和 1，或者 611 和 5，或者 235 和 13，或者 65 和 47.

而长方形的长小于 10 个小正方形的边长之和 $3+5+6+11+17+19+22+23+24+25=155$，所以，拼的长方形的长和宽只能是 65 和 47. 拼接方法如图 4.9.1 所示.

图 4.9.1

本题的背景：1923 年，卢沃（Lwów）大学的鲁兹维茨（S.Ruziewicz）教授提出这样一个问题，一个矩形能否被分割成一些大小不等的正方形？（据说此问题更早源于克拉考（Cracow）大学的数学家们.）此问题引起学生们的极大兴趣，大家都在努力寻找答案，很长一段时间，人们未能给出肯定（找出来）或否定（证明不存在）的回答. 直到 1925 年，莫伦（Z.Moron）找到了一种将矩形分割成大小不同的正方形的方法，并且给出了将两个矩形分割的例子. 一个是将 33×32 的矩形分割成 9 个小正方形（九阶），如图 4.9.2 所示，另一个就是本题 65×47 的十阶分割. 这种能分割成大小不等的正方形，且正方形不重叠，又无缝隙的矩形被后人称为完美矩形. 至此，人们知道了完美矩形的存在.

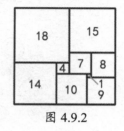

图 4.9.2

后来莫伦（Z.Moron）又提出了完美正方形的问题：即一个正方形能否被分割成一些大小不等的正方形？至今完美矩形和完美正方形仍是一个热门的研究课题.

10. 小球堆叠金字塔

用20个同样的球粘成如图4.10.1（a）所示的4个构件：两个小串，每串4个球；两个2×3的矩形. 由这4个构件能拼成如图4.10.1（b）所示的金字塔形吗？

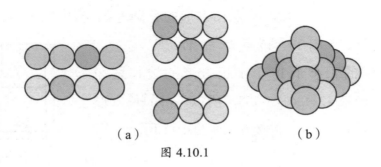

（a）　　　　　　　　　（b）

图 4.10.1

如果能，请你演示拼法；如果不能，请简述理由.

分析：这个问题初看似乎不可能. 因为金字塔形的每一层都是正三角形，不可能出现2×3的矩形，但是换个角度，斜着看，问题就迎刃而解了！

答案：能！按如图 4.10.2 所示操作即可拼成金字塔形.

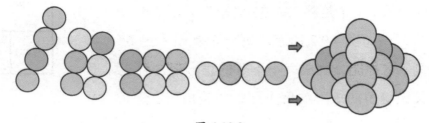

图 4.10.2

11. 几个暴露面

下面的故事对我们会有启示.

有一个三棱锥和一个四棱锥,所有的棱长都相等.将它们的一个侧面重合后,还有几个暴露面?如图 4.11.1 所示.

一个面重合

图 4.11.1

这是美国有 83 万学生参加的中学生数学竞赛的一道试题.评委会原来给出的答案是 7 个暴露面.佛罗里达州的一名中学生丹尼尔给出的答案是 5 个暴露面,被评委会否定了.事后,丹尼尔自己做了一个模型,验证自己的结论是正确的,随后又给出了证明,然后向考试委员会申诉,有名的数学家看了他的模型,不得不承认丹尼尔的答案是正确的.

丹尼尔的证明:如图 4.11.2 所示,$V\text{-}ADCB$ 是所有棱长都为 a 的四棱锥,作 $SV /\!/ AB$,截 $VS = a$,连接 SA,SD,作得以 S 为顶点,VDA 为底的正三棱锥.因为 $SV /\!/ AB /\!/ DC$,所以,$VSAB$,$VSDC$ 都是平行四边形,成为 2 个暴露面.因此,共有 5 个暴露面.

丹尼尔独立思考、坚持真理的批判精神,是值得称道的.

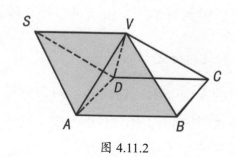

图 4.11.2

12. 实验中的小发现

俄罗斯《中学数学》杂志上公布过一道征解问题：由边长为$4+\alpha$（这里$0<\alpha<1$）的正方形最多能剪出多少个单位正方形？

这个问题看似容易，其实从图4.12.1可以看出，剪出16个单位正方形以后，剩下的蓝色的部分，再也剪不出一个单位正方形了．难道只能剪16个单位正方形，不能再多剪出1个单位正方形吗？这个问题引起了广大数学爱好者的兴趣．

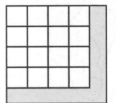

图 4.12.1

很多知名的几何学家，其中包括著名的匈牙利几何学家埃尔德什都对这个问题进行过研究．

后来人们发现，适当调整蓝色几何图形的位置，中间可以倾斜地放入一个单位正方形．大多数读者找到了如图4.12.2所示的布置，此时$\alpha=\dfrac{\sqrt{2}}{2}$．这时，人们进一步提出了新的问

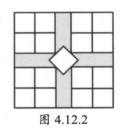

图 4.12.2

题：由边长为$4+\alpha$（这里$0<\alpha<1$）的正方形要剪出17个单位正方形，$\alpha=\dfrac{\sqrt{2}}{2}$是最小值吗？

正当人们不指望找到比$\dfrac{\sqrt{2}}{2}$更小的α时，出乎意料的一封来自基辅市第51中学的"地平线"数学小组的来信给出了惊人的解答：该小组成员做了相应的实验后得出结论：如图4.12.3所示的布置情况（增加斜放的单位正方形个数，使剩余的成片的蓝色部分变为分散的碎片），可以得到更小的α值（可以独立验证，这种布置的α值竟是$\dfrac{\sqrt{2}}{2}$的几百分之一）．

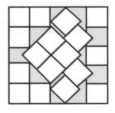

图 4.12.3

"地平线"数学小组的发现表明，任何一位对数学感兴趣的中学生都可能在几何上有所发现．只要敢于大胆探索，不畏困难，动手动脑，持之以恒，往往新发现就在前面！

五、勾股定理古与今

以几何而论，希腊欧几里得几何的"拱心石"
是毕达哥拉斯定理（语出 Bourbaki）或勾股定理.

——吴文俊

今天是"勾股定理古与今"的报告会，营员们按照赵老师的布置，事先分组查阅资料，做了充分准备.会前每组推选出一个报告人，赵老师根据报告的内容，安排好了报告次序.报告厅座无虚席.

早上 8:30 赵老师开始致辞："同学们，我们第一场报告会的主题选择勾股定理，是因为勾股定理在人类科学发展史上占有突出的地位.从我们收集到的有关勾股定理的部分纪念邮票就足以证明."

说着，大屏幕上展示出了美丽的画面，会场响起热烈的掌声.

"下面由我们的营员介绍学习体会吧！"

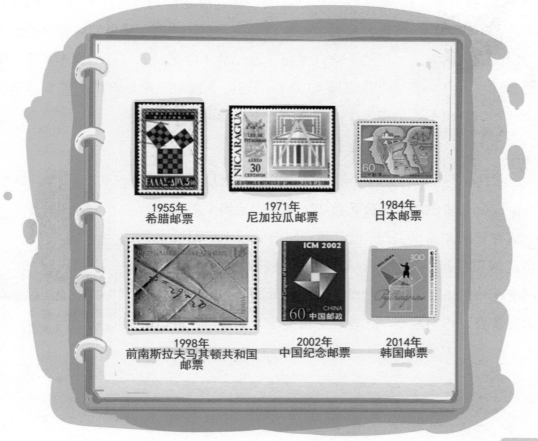

1955年
希腊邮票

1971年
尼加拉瓜邮票

1984年
日本邮票

1998年
前南斯拉夫马其顿共和国
邮票

2002年
中国纪念邮票

2014年
韩国邮票

1. 勾股定理的欧氏证明

在热烈的掌声中小华首先走上了讲台．"我报告的题目是'勾股定理的欧几里得证明'．"小华说，"我们小组搜集了许多相关的资料，由我简要地向大家介绍．"

勾股定理揭示了直角三角形三边之间的关系．其内容是，在 $\triangle ABC$ 中，若 $\angle C = 90°$，$CB = a$，$AC = b$，$AB = c$，则有 $a^2 + b^2 = c^2$，如图 5.1.1 所示．

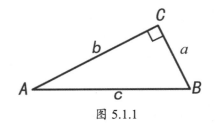

图 5.1.1

毕达哥拉斯
（约公元前 560 年—
公元前 480 年）

国外称勾股定理为毕达哥拉斯定理．史传毕达哥拉斯证明了勾股定理，为了庆祝这一成就，他杀了 100 头牛设宴庆祝，所以有人戏称勾股定理为"百牛定理"．但毕达哥拉斯对勾股定理的证明已经失传．最早勾股定理的证明记载于欧几里得（公元前 3 世纪）的《几何原本》中，第一卷命题 47 这样描述："直角三角形斜边上的正方形面积等于两直角边上正方形面积之和．"

欧几里得生长于巴尔干半岛的雅典，后来接受托勒密一世（公元前 367 年—公元前 283 年）的邀请来到亚历山大城并长期在那里工作．欧几里得将公元前 7 世纪以来希腊几何积累起来的既丰富又纷纭庞杂的结果整理为一个严密统一的体系中，从最原始的定义开始，列出 5 条公理和 5 条公设作为基础，并通过逻辑推理，演绎出一系列定

欧几里得（约公元前 330 年—公元前 275 年）

理和推论，从而建立了被称为欧几里得几何的第一个公理化的数学体系，完成了《几何原本》这部传世名著．《几何原本》是古希腊数学发展的顶峰，其中所用的公理化方法成为建构任何知识体系的典范．

欧几里得还是一位温良敦厚的教育家，对有志数学之士，总是循循善诱．据普罗克洛斯（约410年—485年）记载，托勒密一世曾经问欧几里得，除了他的《几何原本》，还有没有其他学习几何的捷径．欧几里得回答："在几何里，没有专为国王铺设的大道．"这句话后来成为传诵千古的学习箴言．还有一次，他的一个学生问他，学会几何学有什么好处？他幽默地对仆人说："给他三个钱币，因为他想从学习中获取实利．"可见他反对不肯刻苦钻研、投机取巧的作风，也反对狭隘的实用观点．

勾股定理是欧几里得几何的重要定理之一，天文学家开普勒称勾股定理是几何定理中的"黄金"，勾股定理及其证明的文化内涵十分丰富，深入研究体会是大有益处的．《几何原本》中对勾股定理的欧几里得证明，采用的是等积变形与面积割补．小华在白板上作出如图 5.1.2 所示图形后，继续侃侃而谈．

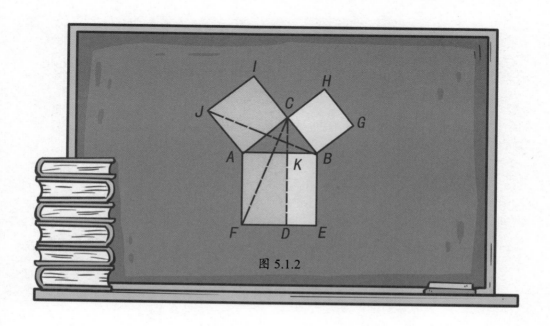

图 5.1.2

连接BJ，FC，过点C作$CD\perp FE$于点D，交AB于点K，则$CD//AF//BE$；

易证$\triangle AJB\cong\triangle ACF$. 又$S_{\triangle ACF}=\dfrac{1}{2}S_{四边形AKDF}$，$S_{\triangle AJB}=\dfrac{1}{2}S_{正方形ACIJ}$，

所以$S_{正方形ACIJ}=S_{四边形AKDF}$（*）.

同法可证$S_{正方形BCHG}=S_{四边形BKDE}$（**），

故$S_{正方形ABEF}=S_{四边形AKDF}+S_{四边形BKDE}=S_{正方形ACIJ}+S_{正方形BCHG}$.

我们注意（*）式，其实就是$AC^2=AK\times AF=AK\times AB$.用一句话简述：直角三角形中，一条直角边的平方等于这条直角边在斜边上的射影与斜边的乘积.

这正是大家学完相似概念后证明的"射影定理"！

不知你学完勾股定理的证明后，发现这个"小秘密"了吗？原来勾股定理与射影定理是等价的.

这时，台下的同学们发出阵阵啧啧声，接着响起一片掌声！

2. 赵爽的弦图证明

小强拿着一本《周髀算经》走上讲台进行汇报．

大家知道，中华民族是擅长数学的民族．我国也是发现勾股定理的国家之一．三国时期的数学家赵爽就是利用"弦图"来证明勾股定理的．赵爽的证明记载于《周髀算经》的注释中．小强在白板上画出图 5.2.1 并说道："这就是中国古算书《周髀算经》中的'弦图'．"

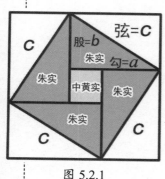

图 5.2.1

数学家赵爽在对"弦图"的注释中提到："案弦图又可以勾股相乘为朱实二，倍之为朱实四，以勾股之差自相乘为中黄实，加差实亦成弦实．"

其意思是：设直角三角形的勾为 a，股为 b，弦为 c，ab 为两个红色直角三角形的面积，$2ab$ 为四个红色直角三角形的面积．中黄实的面积为 $(a-b)^2$，斜放正方形的面积为 c^2．所以 $c^2 = 2ab +(a-b)^2=2ab + a^2 -2ab + b^2 = a^2 + b^2$．从而巧妙地证明了勾股定理．

这时有人提问："我国古代没有公式 $(a-b)^2=a^2 -2ab + b^2$ 的记载，那么古人如何知道斜放正方形的面积 c^2 恰好等于 a^2+b^2 的呢？"

小强神态自若地回答："这位同学的疑问，我们小组的同学一开始也有，后来我们发现，我国古代数学家最善于面积割补，古书称为'出入相补'法."

"大家看图 5.2.2 中（a）（b）两图都是弦图，面积均为 $(a+b)^2$，中间正方形 $ABCD$ 的面积为 c^2. 先将图 5.2.2（a）中 4 个红色的三角形改拼到图 5.2.2（b）两个橙色长方形的位置，白色的部分为大小两个正方形，它们的面积和为 a^2+b^2. 即图 5.2.2（a）中正方形 $ABCD$ 的面积恰等于图 5.2.2（b）中两个白色正方形面积的和，这不就是 $c^2=a^2+b^2$，这正是"弦图"对勾股定理的证明."

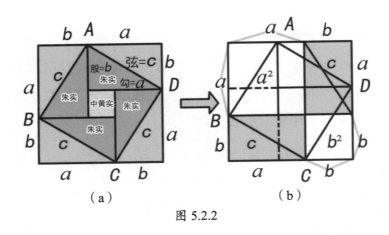

（a） （b）

图 5.2.2

小强的解释赢得了赞许的掌声！

"弦图"的内容非常丰富，它的附带产品是弦图恒等式：

$$(a+b)^2 = 4ab + (a-b)^2.$$

利用弦图，可以证明我们学到的许多乘法公式，比如

$$(a+b)^2 = a^2 + 2ab + b^2$$

$$(a-b)^2 = a^2 - 2ab + b^2$$

$$(a+b)(a-b) = a^2 - b^2.$$

建议大家尝试利用弦图证明上述公式.

"弦图"成为我国古代数学家取得证明勾股定理这一辉煌成就的重要标志. 2002 年在北京召开的国际数学家大会的会标是根据"弦图"进行设计的,如图 5.2.3(a)所示,其中蕴含着勾股定理及其具有中华特色的证明.

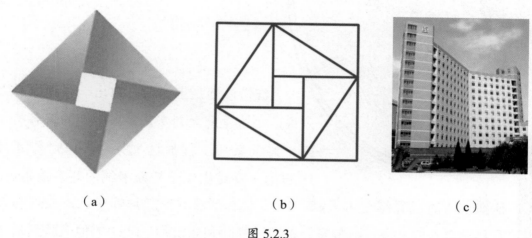

（a）　　　　　　（b）　　　　　　（c）

图 5.2.3

另外,我国还发行了相关的纪念邮票.

中科院数学与系统科学研究院的图标,也是根据"弦图"设计的,如图 5.2.3(b)所示.如果你到北京中关村寻找中国科学院数学与系统科学研究院,你只要找上面有"弦图"标志的楼就可以了,如图 5.2.3(c)所示.

3. 达·芬奇的证明

小红慢慢地走上讲台，拿出一张画像对大家说："这是意大利文艺复兴中期的著名美术家、科学家和工程师达·芬奇，1452 年 4 月 15 日达·芬奇出生于托斯卡纳的芬奇镇附近．他在少年时已显露艺术天赋，15 岁左右到佛罗伦萨拜师学艺，成长为具有科学素养的画家、雕刻家、军事工程师和建筑师．1482 年他应聘到米兰后，在贵族宫廷中进行创作和研究活动，1513 年起漂泊于罗马和佛罗伦萨等地，1516 年侨居法国，1519 年 5 月 2 日病逝．"

达·芬奇与米开朗基罗、拉斐尔并称为"文艺复兴后三杰"，他尤以《最后的晚餐》和《蒙娜丽莎》等画驰名．他的艺术成就奠基于他在光学、力学、数学和解剖学等自然科学的研究．达·芬奇以博学多才著称，他在数学、力学、天文学、光学、植物学、动物学、人体生理学、地质学、气象学，以及机械设计、土木建筑、水利工程等方面都有不少创见或发明．

勾股定理的证法很多，其中达·芬奇的证法也很有特色．

"下面我介绍达·芬奇的证明."

如图5.3.1所示，在直角 $\triangle ABC$ 的三边上分别向形外作正方形 $ABDE$，$AGFC$，$BCMN$. 求证：

$$S_{\text{正方形}\,AGFC} + S_{\text{正方形}\,BCMN} = S_{\text{正方形}\,ABDE}.$$

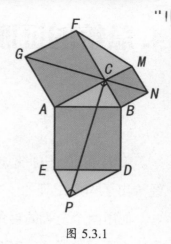

图 5.3.1

证明：连接 FM，作直角 $\triangle DEP$ 与直角 $\triangle ABC$ 全等（$DP=AC$，$EP=BC$，$\angle ACB=\angle DPE=90°.$）.

连接 NG，PC，则 NG 是六边形 $AGFMNB$ 的对称轴. 所以，$S_{\text{四边形}\,AGNB} = \dfrac{1}{2} S_{\text{六边形}\,AGFMNB}.$

又因为六边形 $ACBDPE$ 是中心对称图形，所以，$S_{\text{四边形}\,ACPE} = \dfrac{1}{2} S_{\text{六边形}\,ACBDPE}.$

因为以 A 为旋转中心，将四边形 $AGNB$ 顺时针旋转 $90°$ 与四边形 $ACPE$ 重合，所以，

四边形 $AGNB$ 的面积 = 四边形 $ACPE$ 的面积.

因此，

六边形 $AGFMNB$ 的面积 = 六边形 $ACBDPE$ 的面积.

即 $S_{\text{正方形}\,AGFC} + S_{\text{正方形}\,BCMN} + S_{\text{Rt}\triangle ABC} + S_{\text{Rt}\triangle FMC} = S_{\text{正方形}\,ABDE} + S_{\text{Rt}\triangle ABC} + S_{\text{Rt}\triangle DEP}.$

注意到

$$S_{\text{Rt}\triangle FMC} = S_{\text{Rt}\triangle ABC} = S_{\text{Rt}\triangle DEP},$$

从上式两端消去两对面积相等的直角三角形，得到

$$S_{\text{正方形}\,AGFC} + S_{\text{正方形}\,BCMN} = S_{\text{正方形}\,ABDE}.$$

因此得证

$$AC^2 + BC^2 = AB^2.$$

4. 总统的证明

美国第 20 任总统加菲尔德(1831 年—1881 年)是个数学家,1876 年也曾经给出了勾股定理的一个证明.

他用两个全等的直角三角形△ DAP 与△ PBC 和一个等腰直角三角形△ DPC 拼成一个直角梯形 $ABCD$,如图 5.4.1 所示.

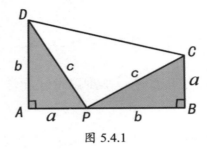

图 5.4.1

他就是利用这个图形巧妙地证明了勾股定理.

先整体计算梯形 $ABCD$ 的面积,显然

$$S_{梯形ABCD} = \frac{1}{2}(a+b)^2 = \frac{1}{2}(a^2 + 2ab + b^2),$$

再分三块面积相加,计算这个梯形 $ABCD$ 的面积,有

$$S_{梯形ABCD} = \frac{1}{2}ab + \frac{1}{2}ba + \frac{1}{2}c^2 = \frac{1}{2}(2ab + c^2).$$

显然同一个梯形的面积应该相等,因此,得

$$a^2 + 2ab + b^2 = 2ab + c^2,$$

所以

$$a^2 + b^2 = c^2.$$

这个证法非常简单和巧妙,很容易理解.

5. "动态的证明"

小琳拿着《数学史导论》走上讲台并慷慨激昂地讲了起来："著名数学史家 H. 伊夫斯在他所著的《数学史导论》中推荐了一种'动态的证明'，我们很受启发."

他在书中给出了欧几里得面积证法的图形，弦上的橙色正方形被由三角形直角顶点引向弦的高线分成两个长方形，接着两个长方形等积变形为两个平行四边形并向上平移到最高位置，再分别向两侧等积变形，分别覆盖两个直角边上的正方形.在这样等积运动变化演示中完成了勾股定理的动态证明，如图 5.5.1 所示.

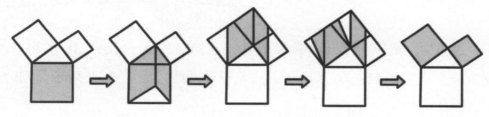

图 5.5.1

这个演示不仅可以让学生在学习过程中对图形的变化、运动有所认识，还能让学生领会在变化、运动中的事物也有恒定不变的因素，其特点是弦上的正方形连续地作等积变形，直到分为勾、股上的两个正方形，使命题中的（面积）相等概念更加巩固.

回想一下，其实我们做过关于平行四边形的类似的习题.如图 5.5.2 所示，分别在△ABC 的边 AB 和 BC 上向形外作平行四边形 ABDE 和 BCFG.直线 ED 和 FG 交于点 M.在边 AC 上向△ABC 外作平行四边形 ACKL，它的边 CK 和 AL 与线段 MB 平行且相等.证明：平行四边形 ACKL 的面积等于平行四边形 ABDE 和平行四边形 BCFG 的面积之和.

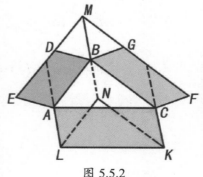

图 5.5.2

这道题做完后，你自然就不难理解数学史家 H. 伊夫斯推荐的勾股定理的"动态的证明"了.

6. 欣欣的证法

"我们在学习的过程中也找到了一种证明勾股定理的方法，请大家指教."欣欣走上讲台谦虚地说.

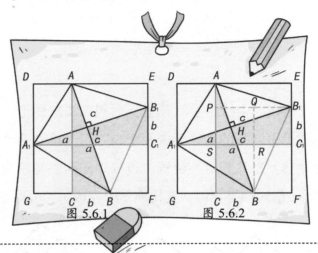

图 5.6.1　　　图 5.6.2

准备两个大小一样的直角三角形 $\triangle ABC$、$\triangle A_1B_1C_1$，两条直角边分别为 a，b，斜边为 c. 如图 5.6.1 所示，按两条斜边互相垂直来放置.

过点 A，B 分别作 A_1C_1 的平行线，过点 A_1，B_1 分别作 AC 的平行线，交成一个正方形 $DEFG$. 欣欣边说边添设辅助线，如图 5.6.2 所示，则

$$S_{四边形\,AA_1BB_1}=\frac{1}{2}AB\cdot A_1B_1=\frac{1}{2}c^2\ (*).$$

另外，$S_{四边形\,AA_1BB_1}$

$$=S_{正方形\,DEFG}-S_{\triangle ADA_1}-S_{\triangle A_1GB}-S_{\triangle B_1BF}-S_{\triangle AB_1E}$$

$$= a^2-\frac{1}{2}S_{长方形ADA_1S}-\frac{1}{2}S_{长方形A_1GBR}-\frac{1}{2}S_{长方形BFB_1Q}-\frac{1}{2}S_{长方形APB_1E}$$

$$= a^2-\frac{1}{2}(S_{长方形ADA_1S}+S_{长方形A_1GBR}+S_{长方形BFB_1Q}+S_{长方形APB_1E})$$

$$=a^2-\frac{1}{2}(a^2-b^2)=\frac{1}{2}a^2+\frac{1}{2}b^2\ (**).$$

由（*）（**）式得

$$\frac{1}{2}a^2+\frac{1}{2}b^2=\frac{1}{2}c^2,$$

所以

$$a^2+b^2=c^2.$$

欣欣小组发现的证法赢得了老师和同学们的热烈掌声！

7. 勾股定理的逆定理

"勾股定理的逆定理也是成立的，而且非常有用．"轮到彤彤小组发言了．

屏幕上打出了勾股定理逆定理的内容．

定理：如果三角形两边的平方和等于第三边的平方，那么前两边的夹角一定是直角．

彤彤首先规规矩矩地画出△ABC，如图5.7.1所示，并且写好了已知和求证．

已知：在△ABC中，$BC^2+AC^2=AB^2$．

求证：$\angle ACB=90°$．

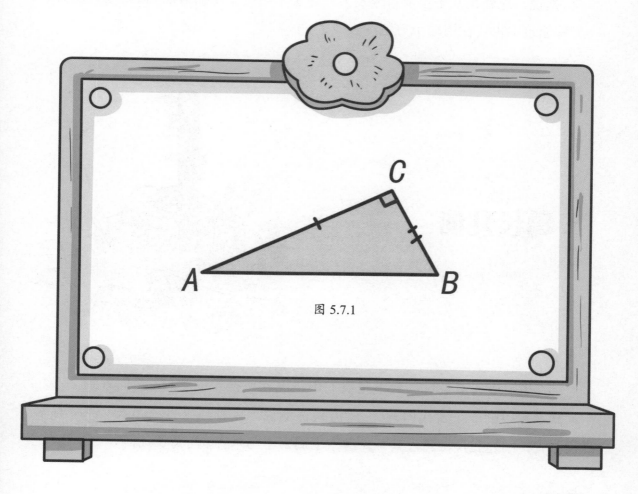

图 5.7.1

要直接证∠A'C'B'=90°有困难，主要是条件不能直接用上．数学家们很聪明，他们先作一个以A'C'，B'C'为直角边的直角△A'B'C'，如图5.7.2所示，使∠B'C'A'=90°，B'C'=BC，A'C'=AC．根据勾股定理，有B'C'^{2}+A'C'^{2}+A'B'^{2}．与已知等式BC^2+AC^2=AB^{2}比较可知，有A'B'=AB．所以△A'C'B'≌△ABC．因此有∠BCA=∠B'C'A'=90°．

这个证法是很值得大家学习思考的．在别莱利曼著的《趣味几何》一书中有这样一个问题：在黑暗的环境中，如何作出一个直角？其实只要设法量出长分别为3cm，4cm，5cm的3根木条，以它们为边拼成一个三角形，其中最大的角就是直角．因为3^2+4^2=5^2，就这样巧妙地利用勾股定理的逆定理作出了直角．据说，这就是几千年前古埃及人修建金字塔时常用的方法．直到今天，很多工程建筑中也还在用这个方法．

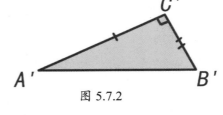

图 5.7.2

8. 葛长几何

"华罗庚爷爷说过，数学是我们中华民族所擅长的学科．我们查到了《九章算术》中的一个古代问题．"涛涛兴奋地说，接着高声吟诵起来，"今有木长二丈，围之三尺，葛生其下，缠木七周，上与木齐．问葛长几何？"

内容如下：如图 5.8.1 所示，有圆柱形木棍直立于地面，高 20 尺，圆柱底面周长为 3 尺．葛藤生于圆柱底部 A 点，等距缠绕圆柱 7 周恰好长到圆柱上底面的 B 点．问葛藤的长度是多少尺？

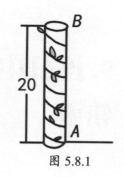

图 5.8.1

解：设想将葛藤在根处（A 点）剪断，顶处 B 点不动，将葛藤解开缠绕拉直，A 点变为地面上的 C 点，如图 5.8.2 所示．则葛藤长为 Rt $\triangle BAC$ 的斜边 BC，$AB = 20$，$AC = 21$，由勾股定理得，$BC^2 = 20^2 + 21^2 = 400 + 441 = 841 = 30^2 - 60 + 1 = 30^2 - 2 \times 30 + 1 = (30-1)^2 = 29^2$.

所以 $BC = 29$（尺），葛藤长 29 尺.

大家可能会提出疑问，葛藤展开会是直角三角形的斜边吗？

我们做一个小实验，取一根圆柱形的木棒，剪一张直角三角形的纸片，将短直角边粘在木棒上，保持长直角边与圆柱轴线垂直，这时将纸片卷起来，可以看到斜边绕圆柱面等距盘旋，这正是葛藤绕木盘旋的形象，这是一条等距螺线．由此我们可以看到 2000 多年前人们解决问题时很有智慧．

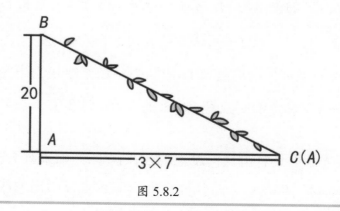

图 5.8.2

9. 连杆中点的轨迹

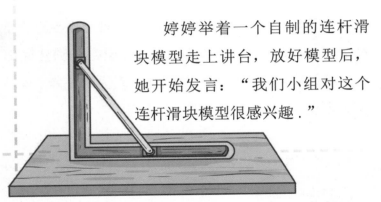

婷婷举着一个自制的连杆滑块模型走上讲台，放好模型后，她开始发言："我们小组对这个连杆滑块模型很感兴趣．"

图 5.9.1 中的两个滑块 A，B 由一个连杆连接，分别可以在垂直和水平的滑道上滑动．开始时，滑块 A 距 O 点 20 厘米，滑块 B 距 O 点 15 厘米．

问：（1）当滑块 A 向下滑到 O 点时，滑块 B 滑动了多少厘米？（2）若在连杆 AB 的中点放一支铅笔，请问滑块在运动中笔头将画出什么图形？

这确实是一个有趣的问题．

图 5.9.1

由滑块 A 距 O 点 20 厘米，滑块 B 距 O 点 15 厘米，很容易用勾股定理求得：$AB^2 = AO^2 + OB^2 = 20^2 + 15^2 = 25^2$，可知连杆的长度等于 25 厘米．

（1）当滑块 A 向下滑到 O 点时，滑块 B 距 O 点的距离是 25 厘米，故滑块 B 滑动了 25–15 =10（厘米）．

（2）又设 AB 的中点为 M，$AM = BM = 12.5$ 厘米．连接 OM，则

$$OM = \frac{1}{2}AB = \frac{25}{2} = 12.5（厘米）.$$

所以 M 点的笔头描绘的是以 O 为圆心，12.5 厘米为半径的四分之一圆弧 $\overset{\frown}{CMD}$，其边界是 AO 上的 C 点和 BO 上的 D 点，满足 $CO = DO = 12.5$ 厘米（如图 5.9.1 所示）．

婷婷接着表示，连杆滑块问题他们还在探索：如果笔头放在连杆 AB 的其他点上，比如 $AM : BM = 1 : 2$ 的分位点上，笔头可以画出曲线，但曲线的方程目前他们还不会求，他们将继续努力学习和探究．

10. 巧求四边形面积

　　小敏拿着一块如图 5.10.1 的图形走上讲台，说："大家请看，在四边形 $ABCD$ 中，$AB = 30$，$AD = 48$，$BC = 14$，$CD = 40$. 又已知 $\angle ABD + \angle BDC = 90°$，求四边形 $ABCD$ 的面积."

　　"这个问题看似容易，但实际计算时我们却遇到了困难，这提起了我们小组的研究兴趣. 经过大家讨论，终于想到了巧妙解决的办法，下面汇报我们想到的办法."

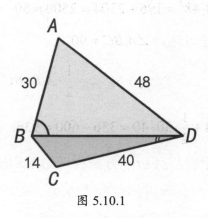

图 5.10.1

　　要计算不规则的四边形面积，一般要把四边形分成两个三角形，分别计算面积. 但是本题无论分成怎样的两个三角形，都无法直接计算面积，原因是无法求得所分三角形的高的长度. 而现成的条件 $\angle ABD + \angle BDC = 90°$ 又没法用上，怎么办？由于受到剪拼图形的启发，我们想到，能不能将 $\angle ABD$ 和 $\angle BDC$ 剪拼在一起，造出一个 $90°$ 的角呢？不妨动手试试看！

"于是我们动手剪下△ABD，翻转，这样使△ABD放在图5.10.2中△A_1BD的位置，易知△A_1DB≌△ABD. 因此，四边形A_1BCD与四边形ABCD的面积相等，所以计算四边形ABCD的面积就转化为计算四边形A_1BCD的面积."

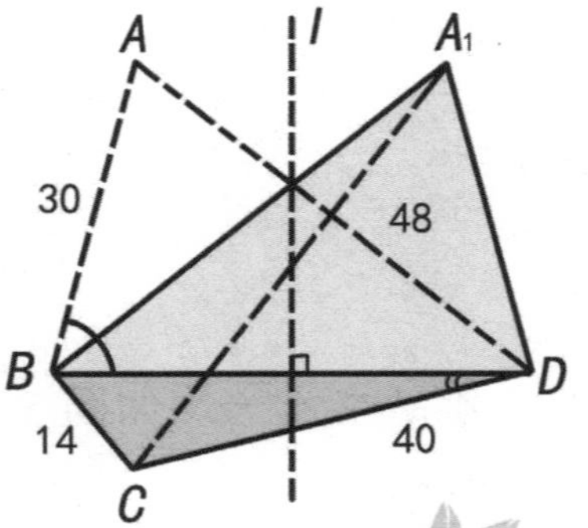

图 5.10.2

具体解法：

剪下△ABD，翻转，放在图5.10.2中△A_1BD的位置后，易知

$A_1D = AB = 30$，$A_1B = AD = 48$，$\angle A_1DB = \angle ABD$.

所以 $\angle A_1DC = \angle A_1DB + \angle BDC$

$= \angle ABD + \angle BDC = 90°$，

连结A_1C，因此 △A_1DC 是直角三角形.

由勾股定理得，$A_1C = \sqrt{30^2 + 40^2} = 50$. 在△$A_1BC$中，$A_1C = 50$，$A_1B = 48$，$BC = 14$，

而 $BC^2 + A_1B^2 = 14^2 + 48^2 = 196 + 2304 = 2500 = 50^2 = A_1C^2$，

根据勾股定理逆定理可知，$\angle A_1BC = 90°$.

所以 $S_{四边形ABCD} = S_{四边形A_1BCD} = S_{\triangle A_1BC} + S_{\triangle A_1DC} = \frac{1}{2} \cdot A_1B \cdot BC + \frac{1}{2} \cdot A_1D \cdot CD$

$= \frac{1}{2} \cdot 48 \cdot 14 + \frac{1}{2} \cdot 30 \cdot 40 = 336 + 600 = 936$.

这样，我们巧妙地用剪拼翻折的方法将四边形ABCD的面积计算出来了.

这时赵老师说道："小敏讲的剪拼翻折△ABD的方法很好，这实际上是数学中的轴对称方法，也叫作反射变换，是选取线段BD的中垂线l为对称轴，作△ABD关于l的轴对称图形△A_1DB，在数学上可以简记为△ABD $\xrightarrow{S(l)}$ △A_1DB. 其中$S(l)$读作以l为对称轴的轴对称（反射）变换. 以后大家要学会习惯用这种数学语言来表达.

"本题的解法将勾股定理及其逆定理综合运用，是一道开发智力的好题. 该组同学思维灵活，敢于打破常规，有所创新."

11. 美丽的 "毕达哥拉斯树"

晓东兴高采烈地走上讲台，将手中的 U 盘插入计算机，屏幕上出现了美丽的图案．晓东解释说："随着 20 世纪 70 年代诞生的'分形学'理论与计算机技术的发展，出现了许多动态、美丽的分形图形，如图 5.11.1 所示．其中由勾股定理基本图形演变产生的'毕达哥拉斯树'也占有一席之地．同学们可以利用几何画板动手画出各种不同的美丽且壮观的'毕达哥拉斯树'，也可在网上搜索到动态的图片．"

图 5.11.1

最后晓东将演示定格在一个美丽的图形上．下面这个问题就是根据"毕达哥拉斯树"命制的．晓东一字一句大声朗读着："如图 5.11.2 所示，美丽的平面珊瑚礁图案中的三角形都是直角三角形，四边形都是正方形．如果图中所有正方形的面积之和是 980 平方厘米．那么最大的正方形的边长是多少厘米？"

会场沉寂了一会儿，随后大家开始交头接耳．

突然小聪大声喊道："14 厘米！"

理由：根据勾股定理的图形可知，图中所有正方形的面积之和等于 5 倍的最大的正方形的面积，为 980 平方厘米．所以最大的正方形面积是 980÷5=196（平方厘米），因此最大的正方形的边长等于 14 厘米．

大家给小聪以热烈的掌声！

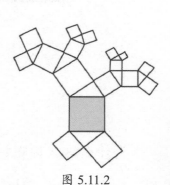

图 5.11.2

大家激烈地发言讨论，时间过得飞快！

这时赵老师站起来做总结："大家准备得充分、认真、全面，不但巩固了勾股定理的知识而且总结了许多思路和方法，还有一些小的创新．更重要的是大家学会了收集资料、整理与分析资料的方法，对你们今后的学习大有助益．下面我们看一个图形，我谈一点自己的体会．"

在图5.12.1（a）中，$\triangle ABC$中的$\angle C = 90°$，斜边AB上的高线CD将$\triangle ABC$分为$\triangle ACD$和$\triangle CBD$，易知$\triangle ABC \backsim \triangle ACD \backsim \triangle CBD$，并且$S_{\triangle ACD} + S_{\triangle BCD} = S_{\triangle ABC}$．这个面积等式实质上就是勾股定理的数量关系式：

$$AC^2 + BC^2 = AB^2.$$

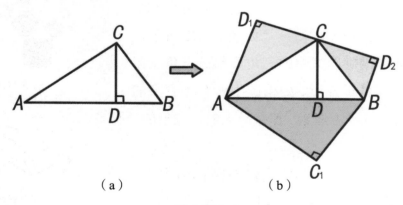

（a）　　　　　　　　（b）

图 5.12.1

为什么这么说呢？大家知道相似三角形面积之比等于相似比的平方，所以，由$\triangle ACD \backsim \triangle ABC$得，

$$\frac{S_{\triangle ACD}}{S_{\triangle ABC}} = \left(\frac{AC}{AB} \right)^2 \Rightarrow S_{\triangle ACD} = \left(\frac{AC}{AB} \right)^2 \cdot S_{\triangle ABC}.$$

由 $\triangle CBD \backsim \triangle ABC$ 得，

$$\frac{S_{\triangle BCD}}{S_{\triangle ABC}} = \left(\frac{BC}{AB}\right)^2 \Rightarrow S_{\triangle BCD} = \left(\frac{BC}{AB}\right)^2 \cdot S_{\triangle ABC}.$$

所以代入面积关系式 $S_{\triangle ACD} + S_{\triangle BCD} = S_{\triangle ABC}$ 得，

$$\left(\frac{AC}{AB}\right)^2 \cdot S_{\triangle ABC} + \left(\frac{BC}{AB}\right)^2 \cdot S_{\triangle ABC} = S_{\triangle ABC}.$$

化简后即为

$$AC^2 + BC^2 = AB^2.$$

我们再看图5.12.1（b），将$\triangle ABC$、$\triangle ACD$、$\triangle BCD$分别以AB、AC、BC为对称轴作出它们的对称图形$\triangle ABC_1$、$\triangle ACD_1$、$\triangle BCD_2$，即以直角三角形三边分别向形外作相似三角形$\triangle ABC_1$、$\triangle ACD_1$、$\triangle BCD_2$，则有$S_{\triangle ACD_1} + S_{\triangle BCD_2} = S_{\triangle ABC_1}.$

那么，以直角三角形三边为对应边分别向形外作 3 个相似图形，相似图形的关系又如何呢？

在$\triangle ABC$中，$\angle ACB=90°$. 记$BC=a$，$AC=b$，$AB=c$，则有$a^2+b^2=c^2$. 人们在数学中有许多类比勾股定理式的，以直角三角形三边为对应边分别向形外作相似图形的探索，如图5.12.2所示.

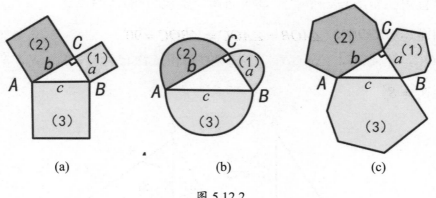

(a)　　　　　(b)　　　　　(c)

图 5.12.2

（1）勾股定理的图形表示.

勾股定理：直角三角形两条直角边上的正方形的面积之和等于斜边上的正

方形的面积.

从"正"的角度类比：以直角三角形两条直角边分别为边的正 n 边形的面积之和等于以斜边为边的正 n 边形的面积.

从"相似"的角度类比：以直角三角形三边分别为对应边作 3 个相似的 n 边形，则以两条直角边分别为边的相似 n 边形的面积之和等于以斜边为边的相似 n 边形的面积.

由于半圆是相似形，类比得：以直角三角形两条直角边为直径的两个半圆的面积之和等于以斜边为直径的半圆的面积.

如图 5.12.3 所示为一头大象的 3 张比例为 $a:b:c$ 的照片，两条直角边 a，b上大象图片面积之和等于斜边 c 上大象图片的面积.

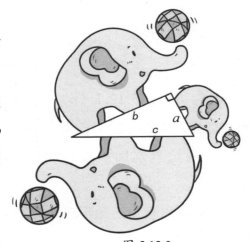

图 5.12.3

（2）平面图形与空间图形的类比.

①如果将勾股定理看成是长方形中长与宽的平方和等于一条对角线的平方.

类比到长方体中就是：长方体中长、宽、高的平方和等于一条体对角线的平方.

②将直角三角形与一个"三直四面体"类比可得：

在四面体 $ABCO$ 中，$\angle AOB = \angle AOC = \angle BOC = 90°$.

$\triangle BOC$，$\triangle AOC$，$\triangle AOB$，$\triangle ABC$ 的面积依次记为 S_a，S_b，S_c，S_o，则有 $S_a^2 + S_b^2 + S_c^2 = S_o^2$.

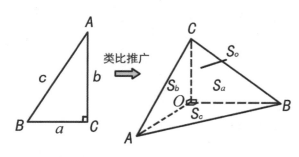

图 5.12.4

这个问题曾编拟为 2003 年的全国高考试题，考查学生的合情推理能力．

（3）勾股定理还可以在乘方次数上进行拓广．这里有一段有趣的史话．

由勾股定理产生的三边都是整数的"整数勾股形"，本质上是方程 $x^2+y^2=z^2$ 的正整数解的问题．这个"将一个平方数分解为两个平分数之和"的问题是古希腊数学家丢番图著的《算术》第 II 卷的第 8 个命题．当法国数学家费尔马读到这里时，他想到了更一般的推广命题，它在页边空白处写了一段话：

费尔马（1601 年—1665 年）

"将一个立方数分为两个立方数，一个四次幂分为两个四次幂，或者一般地将一个高于二次的幂分为两个同次的幂，这是不可能的．我确信已发现一种奇妙的证法，可惜这里的空白太小，写不下了．"

将这段话用现代数学语言表述，即

方程 $x^n+y^n=z^n$，当 $n \geq 3$，$n \in \mathbf{N}$ 时没有正整数解．

这就是著名的费尔马大定理．

后人看到了这段话，都想补上费尔马没有写出的证明，然而此后一二百年进展甚微．以致德国数学会曾悬赏十万马克来征集证明．也没人能够成功．费尔马大定理成为了一颗数学皇冠上的明珠．

费尔马大定理在此后三百多年引得无数数学家竞折腰，虽然历经曲折，然而数学家对费尔马大定理的研究大大地推动了现代数学的进展．难怪大数学家希尔伯特称费尔马大定理是会"生出金蛋的母鸡"了．

怀尔斯（1953 年—）

直到 1995 年 5 月美国《数学年刊》用一整期发表了数学家 A. 怀尔斯完成的对费尔马大定理的证明，宣告这一颗数学皇冠上的明珠已被人摘取．1996 年 3 月怀尔斯荣获了沃尔夫奖．

大家看到，点燃思维的火花，展开思维的翅膀，在数学的天空翱翔，探索几何世界无限的美妙，是多么有趣而令人神往啊！

最后，赵老师给各小组的同学分别颁发了奖品和纪念品．报告会圆满结束！

几何的荣光 2

几何的荣光 3